本书编委会

主　任：王中生　洪　波

副主任：王建国　刘广州

委　员：(按姓氏拼音排序)

程影利	杜建明	蒋永生	李　鹏	李克俭	林　肇
刘　彰	刘贝泽	刘恩民	刘佳奇	刘瑞康	刘润泽
楼培德	罗亚娜	吕海亮	吕现朝	马　宇	马晨栋
沈　涵	宋志光	王　栋	王　健	王　晰	王　璇
王常明	谢建平	徐寅秋	姚　晨	于　洵	于承卉
于福亚	张　彬	张庆松	钟　伟		

前　言

作为国家重点发展的战略性新兴产业之一，物联网正在快速发展。物联网被称为是继计算机、互联网及移动互联网之后的第三次信息浪潮，是信息技术产业发展史上又一重大里程碑。互联网在实现第一代人与物交流、第二代人与人交流后，发展到了现在的物与物交流。互联网的延伸与发展产生了物联网，实现了物理空间的万物互联，让物品"开口说话"，实现了感知世界。物联网与互联网的深入融合为人类社会带来了重大便利，也为社会带来了巨大的经济财富，开创了一个规模庞大的产业集群，深刻地改变着人们的生产方式和生活方式。

物联网作为一个新兴战略性产业，受到世界各国人们的高度关注。中国政府从 2009 年开始大力扶持物联网行业，到 2010 年，物联网发展被正式列入国家发展战略，开始真正得到各级政府部门的高度关注和重视。2010 年教育部公布了战略性新兴产业相关本科新专业，"物联网"成为最大热门，各高校纷纷增设物联网工程相关专业。2010 年共有 700 多所院校申请增加物联网工程专业，教育部最终批准第一批在 30 所高校开设物联网工程专业。

物联网工程专业培养具有计算机科学基础理论与知识，具有物联网工程专业相关的通信、电子、传感器的基本理论、基本知识和技能，具有物联网工程项目的规划与设计能力，具有物联网工程建设与嵌入式软件开发的初步经验，能胜任物联网相关研发及系统规划、分析、设计、实施、运维等工作的应用型高级工程专门人才。

为了使物联网工程专业学生了解物联网的产生过程、技术特点及应用状况，经过多年的实践探索，我们编写了本书。本书共 9 章，主要内容包括物联网概述、条形码与识别、定位技术、RFID 系统、现代通信技术基础、传感器与传感器网络、物联网数据组织与管理、物联网安全及物联网应用。

　　在编写本书的过程中，我们征询了多位相关专业老师的意见，得到了他们的悉心指导和帮助。同时，我们还参考了多所大学物联网工程专业老师的教案和笔记，在此向这些老师一并表示深深的谢意。由于物联网技术发展迅猛，研究热点众多，加之作者水平有限，时间仓促，书中可能存在一些不足之处，欢迎广大读者不吝赐教，您的意见或建议将会对本书的优化与完善起到重要的促进作用。联系邮箱：wzhsh1681@163.com。

作　者

2021 年 5 月于西工新苑

目 录

第 1 章　物联网概述

从 20 世纪物联网(The Internet of Things，IoT)概念的提出到现在已有二十余年，物联网应用正逐步进入人们生活的方方面面，促进了传统产业的更新换代，带来了巨大的变革。物联网开启了继计算机、互联网之后的第三次信息产业浪潮。本章主要介绍物联网的基本概念、产生历史、体系结构、关键技术和应用领域。

1.1　物联网的产生与发展

1.1.1　物联网的产生

1. 物联网的概念

物联网尚处于发展阶段，没有统一的定义。物联网是新一代信息技术的重要组成部分，是物与物相连的互联网。其包含两层意思：第一，物联网的核心和基础仍然是互联网，是在互联网基础上延伸和扩展的网络；第二，其用户端延伸和扩展到了任何物品与物品之间，能够进行信息交换和通信。

物联网的概念最早由美国麻省理工学院 (Massachusetts Institute of Technology，MIT)的研究人员提出，其确切的定义是指通过射频识别(Radio Frequency Identification，RFID)、红外感应器、全球定位系统(Global Positioning System，GPS)、激光扫描器等信息感知设备，按约定的协议，把任何物品与互联网连接起来，进行信息交换和通信，以实现智能化识别、定位、跟踪、监控和管理的一种网络。

在现阶段，物联网是借助各种信息传感技术及信息传输和处理技术，使管理的对象(人或物)的状态能被感知和识别而形成的局部应用网络。在不远的将来,物联网是将所有局部应用网络通过互联网或通信网连接在一起,形成 M2M,即人与人(Man to Man)、人与物(Man to Machine)、物与物(Machine to Machine)相联系的一个巨大网络,是感知中国、感知世界的基础。

2. 物联网的产生历史

1999 年美国麻省理工学院教授 Kevin Ashton 首次提出了物联网的概念。1995 年比尔·盖茨也在其所著的《未来之路》中提及物联网,但是那个年代的计算机水平和网络水平远远不具备实现梦想的条件,因此物联网的概念并未引起广泛的关注。物联网真正受到广泛关注是在 2000 年后,在当时最新技术的推进下,物联网取得了阶段性的成果,物联网总体性标准被确定。随着计算机技术以及通信技术的日渐成熟,物联网迎来了发展机遇,日本、美国、韩国、欧盟及中国等多个国家和地区相继提出物联网发展战略,将其作为未来经济发展的主要推动力。

物联网的基本思想形成于 20 世纪 90 年代。2005 年 11 月 17 日,在信息社会世界峰会(World Summit on the Information Society,WSIS)上,国际电信联盟(International Telecommunication Union,ITU)发布了《ITU 互联网报告 2005:物联网》。该报告指出,无所不在的物联网通信时代即将来临,世界上所有的物体从轮胎到牙刷、从房屋到纸巾都可以通过互联网主动进行信息交换。欧洲智能系统集成技术平台(the European Technology Platform on Smart Systems Integration,EPoSS)于 2008 年在《物联网 2020》(*Internet of Things in 2020*)报告中分析预测了未来物联网的发展阶段。

2009 年 1 月 28 日,时任美国总统奥巴马与美国工商业领袖举行了一次"圆桌会议"。在该会议上,IBM 首席执行官彭明盛首次提出"智慧地球"的概念,建议新政府投资新一代的智慧型基础设施。此概念一经提出,立即得到美国各界的高度关注,甚至有分析认为,IBM 公司的这一构想极有可能上升至美国的国家战略,并在世界范围内引起轰动。

2009 年,欧盟执委会发表题为 *Internet of Things—an Action Plan for Europe* 的物联网行动方案,描绘了物联网技术应用的前景,并提出要加强对物联网的管理,完善隐私和个人数据保护,提高物联网的可信度,推广标准化,建立开放式的创新环境，推广物联网应用等行动建议。

韩国通信委员会于 2009 年出台了《物联网基础设施构建基本规划》，该规划是在韩国政府之前的一系列相关计划基础上提出的，目标是要在已有的应用和实验网条件下构建世界上最先进的物联网基础设施，发展物联网服务，研发物联网技术，营造物联网推广环境等。

2009 年，日本政府 IT 战略部制定了日本新一代的信息化战略《i-Japan 战略 2015》。该战略旨在到 2015 年让数字信息技术如同空气和水一般融入每一个角落，聚焦电子政务、医疗保健和教育人才三大核心领域，激活产业和地域的活性并培育新产业，以及整顿数字化基础设施。

我国政府也高度重视物联网的研究和发展。2009 年 8 月 7 日，时任国务院总理温家宝在无锡视察时发表重要讲话，提出"感知中国"的战略构想，表示中国要抓住机遇，大力发展物联网技术。2009 年 11 月 3 日，温家宝总理向首都科技界发表了题为《让科技引领中国可持续发展》的讲话，再次强调科学选择新兴战略性产业非常重要，并指示要着力突破传感网、物联网关键技术。

2010 年 1 月 19 日，时任全国人民代表大会常务委员会委员长吴邦国参观无锡物联网产业研究院，表示要培育发展物联网等新兴产业，确保我国在新一轮国际经济竞争中立于不败之地。我国政府高层一系列的重要讲话、报告和相关政策措施表明：大力发展物联网产业将成为今后一项具有国家战略意义的重要决策。

1.1.2　物联网的发展

1. 发展现状

全球物联网行业自 2010 年以来规模迅速扩大，2014—2020 年复合年增长率高达 20.7%。受技术和产业成熟度的驱动，当前物联网具有"边缘的智能化、连接的泛在化、服务的平台化、数据的衍生化"四个新特征，这些新特征使得物联网整体解决方案在各个应用领域渗透率不断提高。同时，由于传感器成本降低，传输技术升级，物联网全产业链的技术成熟度提升，推动物联网应用领域产品不断涌现，传感器连接数大幅度增加。

我国已形成了较完整的敏感元件与传感器产业，产业规模稳步增长。我国形成了 RFID 低频和高频的完整产业链以及以京、沪、粤为主的空间布局，成为全球物联网第三大市场。

我国已形成基本齐全的物联网产业体系，部分领域已形成一定市场规模，网络通信相关技术和产业支持能力与国外差距相对较小，但传感器、RFID 等感知端制造产业，高端软件和集成服务与国外差距相对较大。仪器仪表、嵌入式系统、软件与集成服务等产业虽已有较大规模，但真正与物联网相关的设备和服务仍在继续发展中。

根据《2021 年中国商业物联网行业研究报告》，2020 年中国智能商用终端市场规模为 89 亿元，在疫情影响下增长速度出现短暂回落，但预计自 2021 年后市场将会延续此前的快速增长，到 2023 年达到 141 亿元。未来随着商业物联网渗透率的进一步提高(至 50%)，预计市场规模将增长至 5000 亿元。从全球看，物联网整体处于加速发展阶段，物联网产业链上下游企业资源投入力度不断加大。基础半导体巨头纷纷推出适应物联网技术需求的专用芯片产品，为整体产业快速发展提供了巨大的推动力。

工业和信息化部公布了 2021 年 1 至 4 月通信业经济运行情况，数据显示，截至 4 月末，三家基础电信企业(中国电信、中国移动、中国联通)发展蜂窝物联网终端用户 12.36 亿户，比上年末净增 1 亿户。其中，应用于智能制造、智慧交通、智慧公共事业的终端用户占比分别达 17.3%、17.8%、21.9%，智慧公共事业终端用户同比增长 18.9%，增势最为突出。终端用户的显著增长促进了行业市场规模的进一步提高。在政府的有力支持下，中国物联网上下游企业蓬勃发展，基本完成物联网产业体系的构建，并具备了一定的技术和应用基础。物联网产业链涵盖感知层、传输层、平台层、应用层多个层面，每个层面都涉及多个细分领域，各个细分领域在物联网产业体系下已有了一定发展基础，未来仍有可观的增长空间。随着物联网应用领域的拓展，各行业对物联网的需求将大规模增长，有望推动行业进一步规模化发展。物联网万物连接示意图如图1.1 所示。

图 1.1　物联网万物连接示意图

　　近年来我国物联网产业的发展受到监管部门的高度重视，各种与物联网相关的政策密集出台，对推动我国物联网关键技术研发、应用示范推广、产业协调发展和政策环境建设等取得了显著成效。

　　在物联网通信服务领域，我国物联网 M2M 服务保持高速增长势头，目前 M2M 终端数已超过 1000 万，年均增长率超过 80%，应用领域覆盖公共安全、城市管理、能源环保、交通运输、公共事业、农业服务、医疗卫生、教育文化、旅游等多个领域，未来几年仍将保持快速发展。

2. 发展方向

　　未来，物联网将朝着规模化、协同化和智能化方向发展，同时以物联网应用带动物联网产业将是世界各国的主要发展方向。物联网产业将朝着以下方向发展。

1) 大数据处理技术

　　随着物联网的发展，大数据的概念也随之出现。在过去几年里，物联网蓬勃发展。根据行业测算，到 2021 年，全球将安装 350 亿台物联网设备，到 2025 年将安装 754.4 亿台物联网设备。根据互联网数据中心(Internet Data Center，IDC) 的数据，到 2021 年，物联网支出将达到 1.4 万亿美元，物联网将会迎来前所未有的大数据。因此，数据处理将是未来物联网的研究热点和难点。

2) 全数字化管理+云服务

在物联网应用基础设施服务领域，全数字化管理+云服务属于物联网产业范畴。云计算是物联网应用基础设施服务业中的重要组成部分，物联网的大规模应用也将大大推动云计算服务的发展。云计算、大数据等物联网技术都是新基建的核心引擎。

3) 智能物联网

未来将在社区部署智能传感器，记录人员的步行路线、公用汽车使用、建筑物占用、污水流量和全天温度变化等所有内容，为居住在社区的人们创造一个舒适、方便、安全和干净的环境。智能物联网的另一个领域是汽车行业，在未来，自动驾驶汽车将成为常态，车辆通过联网的应用程序，显示有关汽车的最新状况信息，物联网技术是车联网的核心。

4) 物联网+区块链

物联网的集中式架构是其受攻击的原因之一。随着越来越多的设备加入物联网，物联网将成为网络攻击的首要目标，这使得安全性变得极其重要。

区块链为物联网安全带来了新的希望。首先，区块链是公共的，参与区块链网络节点的每个人都可以看到存储的数据块和交易；其次，区块链是分散的，没有单一的权威机构可以批准消除单点故障的交易，因此它是安全的，数据库只能扩展，记录不能更改。

5) 协同化发展

随着产业扩大和标准的不断完善，物联网将向协同化方向发展，形成不同物体间、不同企业间、不同行业乃至不同地区或国家间的物联网信息的互联互通互操作，应用模式从闭环走向开环，最终形成可服务于不同行业和领域的全球化物联网应用体系。

6) 智能化发展

物联网将从目前简单的物体识别和信息采集走向真正意义上的物联网，实时感知、网络交互和应用平台可控可用，实现信息在真实世界和虚拟空间之间的智能化流动。

3. 发展前景与存在的问题

物联网技术的应用与发展可以深刻改变人们的工作和生活。例如：随处可见的共享单车，让交通的"最后一公里"问题得到解决；智能家居安防系统中的自动报警、紧急求助等，可以让我们的生活更安全、高效。但是，目前物联网技术的发展仍然存在很多问题，需要人们予以关注并解决。

1) 我国物联网的发展前景

我国物联网产业起步良好，具备较好的产业基础和发展前景，主要体现在以下三个方面：

(1) 技术研发和标准化取得重要成果。

早在十多年前物联网技术研发就已在很多国家启动，中国同样也不落后。国家科技重大专项新一代宽带移动无线通信网中部署专项研究开发传感网络，一大批高校科研单位和企业在物联网及相关领域进行科研和产业化技术攻关，掌握了一批具有自主知识产权的关键技术。电子标签，即 RFID 标准体系初步形成，传感网标准工作开始启动。

(2) 相关设备快速发展。

电子标签产业从无到有，企业超过百家，已形成了涵盖标签、读写器、系统集成等较为完整的产业链，近年年均增长超过 20%。传感器应用方面建立起敏感元件与传感器产业，国内在生物传感器、化学传感器、红外线传感器、图像传感器、工业传感器等领域掌握了多项专利，有较强的先进优势，建立了技术先进、规模位居世界前列的公众信息网。

(3) 物联网示范应用。

目前物联网已在智能电网、智能交通、智能物流、智能家具、环境保护、医疗卫生、金融服务业、公共安全、国防军事等领域得到应用，示范效应初步显现。

2) 我国物联网目前存在的问题

在 2010 年中国物联网大会上，时任工业和信息化部副部长奚国华表示，目前国际上物联网应用和产业发展总体还处于起步阶段，核心技术尚不成熟，标准体系尚在建立，理论上的发展潜能转化为现实的市场尚需时日。我国物联网虽已具备一定的产业技术和应用基础，但还处于初级阶段，仍存在一系列瓶颈和制约因素，主要体现在以下五个方面：

(1) 产业化能力不高。

产业体系基本建成但产业化能力不高，尚未形成规模化产业优势。

(2) 核心关键技术有待突破。

在传感器、芯片关键设备制造、智能通信与控制、海量数据处理等核心技术上，我国物联网与发达国家还存在较大的差距。

(3) 标准分散不完善。

在标准制定工作中，包括对物联网如何进行技术划分尚存在一些争议。从大的方面来看，物联网由三部分组成，即传感器部分、通信网部分和计算机部分，这三部分标准如何制定，尤其是如何进行衔接需要重点研究。

(4) 应用规模和领域偏小。

物联网的应用规模和领域偏小，没有形成成熟的商业模式，应用成本较高。

(5) 存在安全隐患。

物联网中存在大量国家经济社会活动和战略性资源，因而面临巨大的安全与隐私保护挑战。

2010 中国物联网大会上，工业和信息化部副部长娄勤俭认为，物联网代表了未来的发展方向，被称为继计算机、互联网之后世界信息产业的第三次浪潮，具有庞大的市场和产业空间。发展物联网产业是推动加快结构调整和发展方式转变的重要途径和措施，也是提升国家竞争力，抢占新一轮全球竞争制高点的战略选择。工业和信息化部作为主管部门，将认真贯彻落实中央决策部署，加强沟通协作，针对当前物联网存在的问题进一步加大工作力度，完善政策措施，加快推进物联网技术和产业的发展。

1.2　物联网的体系结构

对任何事物的认识都会有一个从整体到局部的过程，尤其对于结构复杂、功能多样的系统。体系架构是指导具体系统设计的首要前提。物联网应用广泛，系统规划和设计极易因角度的不同而产生不同的结果，因此急需建立一个具有框架支撑作用的体系架构。另外，随着应用需求的不断发展，各种新技术将逐渐纳入物联网体系中。体系架构的设计也将决定物联网的技术细节、应用模式和发展趋势。

在物联网中，任何人和物之间都可以在任何时间、任何地点实现与任何网络的无缝融合，它实现了物理世界的情景感知、处理和控制这一闭环过程，真正形成了人与物、人与人、物与物之间信息连接的新一代智能互联网络。

1. 五层体系结构

由物联网的特点可知，物联网具有很强的异构性，为实现异构设备之间的互联、互通与互操作，物联网需要以一个开放的、分层的、可扩展的网络体系结构为框架。

目前，国内外研究人员对物联网体系结构的描述差异很大。例如，ITU-T将物联网自下而上分为泛在感知层(各种感知设备)、接入网关、异构网络层、物联网中间件和物联网应用层五层结构，如图 1.2 所示。

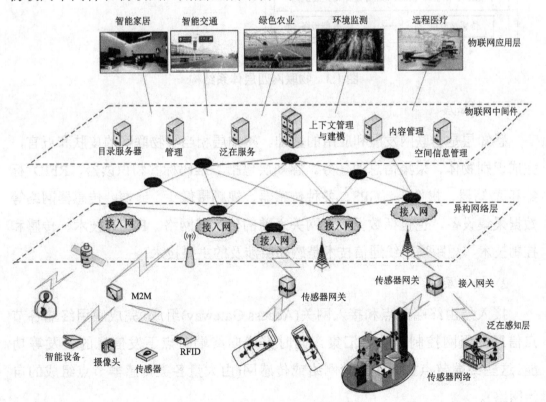

图 1.2　物联网五层体系结构

2. 四层体系结构

根据物联网的服务类型和节点等情况,部分学者提出了由感知层、接入层、网络层和应用层组成的物联网四层体系结构,如图 1.3 所示。

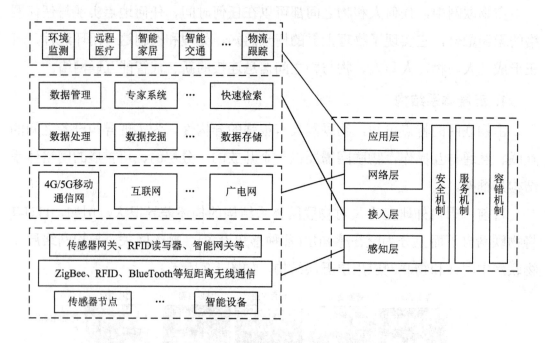

图 1.3　物联网四层体系结构

1) 感知层

感知层是物联网发展和应用的基础。感知层相当于物联网的皮肤和五官,完成识别物体、采集信息的任务。感知层包括二维码标签和识读器、RFID 标签和读/写器、摄像头、GPS、各种传感器、视频摄像头、终端、传感器网络等数据采集设备,也包括数据接入网关之前的传感器网络。RFID 技术、传感和控制技术、短距离无线通信技术是感知层涉及的主要技术。

2) 接入层

接入层由终端节点和接入网关(Access Gateway)组成,完成应用终端各节点信息的组网控制和信息汇集,同时完成向终端节点下发信息的转发等功能。这些终端节点构成了末梢网络或传感网(由大量各类传感器节点组成的自治网络)。

在终端节点之间完成组网后,如果终端节点需要上传数据,则将数据发送给基站节点，基站节点收到数据后，通过接入网关完成和承载网络的连接；当应用层需要下传数据时，接入网关收到承载网络的数据后，由基站节点将数据发送给终端节点，从而完成终端节点与承载网络之间的信息转发和交互。

3) 网络层

网络层将感知层和接入层获取的信息进行传递和处理。网络层也包括信息存储查询、网络管理等功能。

网络层中的感知数据管理与处理技术是实现以数据为中心的物联网的核心技术。感知数据管理与处理技术包括数据的存储、查询、分析、挖掘、理解以及基于感知数据决策和行为的理论和技术。云计算(Cloud Computing)作为海量感知数据的存储、分析平台，是物联网网络层的重要组成部分，也是应用层众多应用的基础。

网络层包括各种通信网络与物联网形成的承载网络。承载网络包括现行的通信网络(如 5G 网络、4G 网络)、计算机互联网、企业网等，完成物联网接入层与应用层之间的信息通信。

4) 应用层

应用层是物联网与行业技术的深度融合，实现行业智能化，服务于人类社会。

应用层由各种应用服务器组成(包括数据库服务器)，主要功能包括对采集数据的汇聚、转换、分析，以及用户层呈现的适配和事件触发等。从终端节点获取的大量原始数据经过网络层的传输、转换、分析处理后，变成具有实际价值的数据；保存了这些数据的应用服务器将根据用户的呈现设备不同完成信息呈现的适配，并根据用户的设置触发相关的通告信息。

应用层要为用户提供物联网应用的用户接口(User Interface，UI)，包括用户设备(如 PC、手机)、客户端等。除此之外，应用层还包括云计算功能。基于云计算，物联网管理中心、信息中心等部门可以对海量信息进行智能处理。

3. 三层体系结构

尽管在物联网体系结构方面尚未形成全球统一规范，但目前大多数研究人员将物联网体系结构分为三层，即感知层、网络层和应用层，如图 1.4 所示。感知层主要完成信息采集、转换和收集；网络层主要完成信息传递和处理；应用层主要完成数据管理和处理，并将这些数据与行业应用相结合。

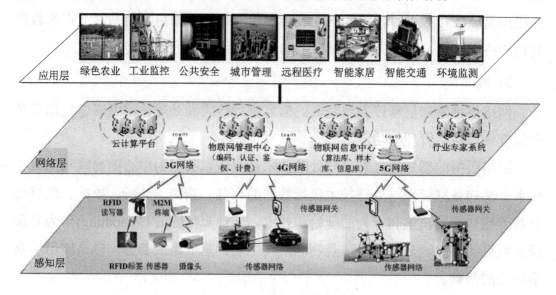

图 1.4　物联网三层体系结构

1) 感知层

感知层包括信息采集和通信两个子层。以传感器、二维码、条形码、RFID、智能装置等作为数据采集设备，将采集到的数据通过通信子网的通信模块与网络层的网关交互信息。感知层的主要组成部件有各种感知设备和传感器网关，如二维码识别、RFID、温/湿度传感、光学摄像头、GPS 设备、生物识别等。在感知层中通常嵌入有各种传感器件和 RFID，形成局部网络，协同感知周围环境或自身状态，并对获取的感知信息进行初步处理和判决，以及根据相应规则积极进行响应，同时通过各种接入网络把中间或最终处理结果接入网络层。

2) 网络层

感知层获取信息后，依靠网络层进行传输。网络层由各种无线/有线网关、接入网和核心网组成，实现感知层数据和控制信息的双向传送、路由和控制。网络层包括宽带无线网络、光纤网络、蜂窝网络和各种专用网络，在传输大量感知信息的同时，对传输的信息进行融合等处理。

3) 应用层

应用层是物联网和用户(包括人、物和其他系统)的接口，对不同用户、不同行业的应用，提供相应的管理平台和运行平台，并与不同行业的专业知识和业务模型相结合，实现更加准确和精细的智能化信息管理。

应用层包括数据智能处理子层、应用支撑层及各种具体物联网应用。其中，应用支撑层为物联网应用提供通用支撑服务和能力调用接口；数据智能处理子层是实现以数据为中心的物联网开发核心技术，包括数据汇聚、存储、查询、分析、挖掘、理解以及基于感知数据决策和行为的理论和技术。数据汇聚将实时、非实时物联网业务数据汇总后存放到数据库中，方便后续数据挖掘、专家分析、决策支持和智能处理。

1.3　物联网的关键技术

物联网是继互联网后的又一次技术革新，代表着未来计算机与通信的发展方向。这次革新也取决于一些重要领域的动态技术创新，包括 RFID、EPC(Electronic Product Code，电子产品编码)、传感技术、云计算等。物联网发展的关键技术如图 1.5 所示，其中标识技术、感知技术、通信技术和信息处理技术称为物联网的四大关键技术。

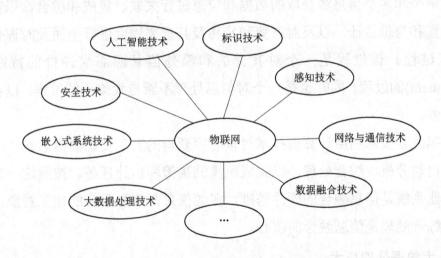

图 1.5　物联网发展的关键技术

1. 标识技术

感知和标识是物联网实现"物物相联，人物互动"的基础，各种类型的传感器在弥合现实世界和虚拟世界的差距方面发挥了关键作用。数据的产生、获取、传输、处理、应用是物联网的重要组成部分，其中数据的获取是物联网智能信息化的重要环节之一，没有它，物联网就会成为"无水之源、无本之木"。

2. 感知技术

感知技术包括条形码技术、RFID 技术、传感技术、定位技术等，是物联网中的关键技术。计算机处理的都是数字信号，自从有计算机以来，就需要通过各种感知设备把模拟信号转换成数字信号才能处理。

3. 网络与通信技术

物联网本质上是泛在网络，需要融合现有的各种通信网络，并引入新的通信网络。要实现泛在的物联网，异构网络的融合是一个重要的技术问题。将电信网、电视网和计算机通信网相互渗透、互相兼容，并逐步整合成为全世界统一的信息通信网络。

4. 数据融合技术

数据融合又称信息融合，也称传感器信息融合或多传感器信息融合，是一个对从单个和多个信息源获取的数据和信息进行关联、集成和综合，以获得精确的位置和身份估计，以及对态势和威胁及其重要程度进行全面及时评估的信息处理过程。该过程是一个对其评估和额外信息源需求评价的持续精练(Refinement)的过程，同时也是一个对信息处理不断自我修正的过程，以获得结果的改善。

数据融合技术利用计算机技术对按时序获得的若干传感器信息在一定准则下加以自动分析、综合处理，以完成所需的决策和估计任务。按照这一定义，多传感器系统是信息融合的硬件基础，多源信息是信息融合的加工对象，协调优化和综合处理是信息融合的核心。

5. 大数据处理技术

物联网聚集了海量数据，对海量数据需要有效组织、管理、存储和检索，同时高效的数据处理方法是物联网的核心技术，需要运用云技术对海量数据进行处理。云计算是利用大规模低成本运算单元通过网络相联而组成的运算系统，为物联网海量的信息处理提供低成本解决方案。

6. 嵌入式系统技术

嵌入式系统技术是综合了计算机软硬件、传感器技术、集成电路技术、电子应用技术为一体的复杂技术。经过几十年的演变，以嵌入式系统为特征的智能终端产品随处可见：小到平板电脑和手机，大到航空航天的卫星系统。嵌入式系统正在改变着人们的生活，推动着工业生产以及国防工业的发展。

7. 安全技术

由于物联网终端感知网络的私有特性，因此其安全也是一个必须面对的问题。物联网中的传感节点通常需要部署在无人值守、不可控制的环境中，除了受到一般无线网络所面临的信息泄露、信息篡改、重放攻击、拒绝服务等多种威胁外，还面临传感节点容易被攻击者获取，通过物理手段获取存储在节点中的所有信息，从而侵入网络、控制网络的威胁。

8. 人工智能技术

人工智能是一种用计算机模拟某些思维过程和智能行为(如学习、推理、思考和规划等)的技术。在物联网中，人工智能技术主要是对物体的内容进行分析，从而实现计算机自动处理。

1.4 物联网的应用领域

随着计算机技术和通信技术的快速发展，物联网技术已经应用在人们生活的方方面面。不久的将来，物联网技术将全面改变人们的生活方式和工作方式，人类社会将会发生极大的改变。

1. 智慧城市

智慧城市是利用物联网、移动通信等技术，整合各种行业数据，所建设的一个包含行政管理、城市规划、应急指挥、决策支持、社交等综合信息的城市服务、运营管理系统。

智慧城市管理涉及公安、娱乐、餐饮、消费、医疗、土地、环保、城建、交通、水务、环卫、规划、城管、林业和园林绿化、质监、食药、安监、电信等领域，还包含消防、天气等相关业务。智慧城市以城市管理要素为核心，以事项为相关行动主体，加强资源整合、信息共享和业务协同，实现政府组织架构和工作流程优化重组，推动管理体制转变，发挥服务优势。

2. 智慧医疗

智慧医疗利用物联网和传感器技术，将患者与医务人员、医疗机构、医疗设备有效地连接起来，使整个医疗过程实现信息化、智能化。

智慧医疗系统搜索、分析和引用大量证据来支持自己的诊断，并通过网络技术实现远程诊断、远程会诊、智能决策、智能处理等功能。利用物联网，可以建立不同医疗机构之间的医疗信息集成平台，整合医院之间的业务流程，共享和交换医疗信息与资源，跨医疗机构还可以实现网上预约和双向转诊，实现"小病在社区，大病进医院，康复回社区"分级诊疗模式，极大地提高医疗资源的合理配置，真正做到以患者为中心。

3. 智慧交通

智慧交通系统是信息技术、数据通信技术、电子传感技术、控制技术在整个交通管理系统中的综合应用，是一个功能齐全、实时、准确、高效的综合运输管理系统。

智慧交通可以有效利用现有交通设施，减轻交通负荷和环境污染，保障交通安全，提高运输效率。智慧交通的发展有赖于物联网技术的发展。随着物联网技术的不断发展，智慧交通系统会越来越完善。

4. 智慧物流

2009 年，IBM 提出建立面向未来的供应链，其具有先进、互联和智能的特征，可以通过传感器、RFID 标签、GPS 等设备和系统生成实时物品流动信息，由此出现了智慧物流的概念。与基于传统互联网的管理系统不同，智慧物流更注重物联网、传感器网络和网络的融合，以各种应用服务系统为载体。

5. 智慧校园

智慧校园将学校教学、科研、管理与校园资源、应用系统融为一体，可以提高应用交互的清晰度、灵活性和响应性，以实施智能服务和管理的园区模式。智慧校园具有三大核心特征：一是为师生提供全面的智能感知环境和综合信息服务平台，按角色提供个性化的服务；二是将基于计算机网络的信息服务整合到各学校的应用和服务领域，实现互联协作；三是通过智能感知环境和综合信息服务平台，为学校与外界提供相互沟通、相互感知的接口。

6. 智能家居

智能家居以家居生活为基础，运用物联网技术、网络通信技术、安保防范、自动控制技术、语音视频技术高度集成了与家庭生活相关的器件设施，建成了高效的居住设施和居家事务。

智能家居包括家庭自动化、家庭网络、网络家电和信息家电。在功能方面，智能家居包括智能灯光控制、智能家电控制、安防监控系统、智能语音系统、智能视频技术、视觉通信系统、家庭影院等。智能家居可以大大提高家庭日常生活的便利性，让家庭环境更加舒适宜人。

7. 智能电网

智能电网以实体电网为基础，结合了现代先进的传感器测量技术、通信技术、信息技术和控制技术，并与物理电网高度融合。

在融合物联网技术、高速双向通信网络的基础上，通过应用先进的传感测量技术、设备技术、控制方法和决策支持系统技术，实现可靠安全用电。

8. 智慧工业

近几年，工业生产的信息化和自动化取得了巨大的进步，但是各个系统间的协同工作并没有得到很大的提升，它们之间还是相对独立地在工作。将先进的物联网技术与其他先进技术相结合，各个子系统之间可以有效地连接起来，使工业生产更加高效，实现真正的智能化生产和智慧工业。

9. 智慧农业

智慧农业将物联网技术应用于传统农业，改造传统农业运维，通过移动平台或计算机平台，用传感器和软件控制农业生产，让传统农业可以实现智能决策、智能处理与智能控制。智慧农业通过设置在农业生产现场的各种传感器，在各种物联网设备和无线通信网络支持下，实现了农业生产环境的智能感知、智能预警、智能决策、智能分析和专家在线指导，提供了精准种植和精准养殖相结合的可视化管理和智能决策。

本 章 小 结

　　本章主要介绍了物联网的起源、基本概念、国内外发展状况、物联网体系结构、物联网关键技术及主要应用领域，理解这些基本概念和知识对学好物联网整体知识具有十分重要的作用。物联网是继计算机、Internet 后的第三次信息产业浪潮，必将对世界经济、政治、文化、军事等各个方面产生深远的影响，是新一代信息技术的制高点。

第 2 章　条形码与识别

识别(Identification，ID)也称辨识，是指对不同事物差异的区分。自动识别(Automatic Identification，AID)是指采用机器进行识别的技术，即采用一定的识别装置，通过被识别物品和识别装置之间的接近活动，自动地获取被识别物品的相关信息，并提供给后台计算机系统进行处理。在万物互联的世界里，区分每一件物品至关重要，获得了物品的身份和信息，就很容易管理和控制，因此标识与识别是物联网领域的一项重要技术。

2.1　条　形　码

2.1.1　条形码概述

早在 20 世纪 40 年代后期，美国乔·伍德兰德(Joe Wood Land)和贝尼·西尔佛(Beny Silver)两位工程师就开始研究用代码表示食品项目及相应的自动识别设备，并于 1949 年获得了美国专利。20 世纪 60 年代后期，西尔韦尼亚(Sylvania)发明了一种被北美铁路系统所采纳的条形码(Bar Code，简称条码)系统。有轨电车和铁路系统是条形码技术最早期的应用领域。

随着计算机、信息及通信技术的发展，信息的处理能力、存储能力、传输通信能力日益强大，全面、有效的信息采集和输入成为绝大多数信息系统的关键。条形码自动识别技术就是在这样的环境下应运而生的。它是在计算机、光电技术和通信技术的基础上发展起来的一门综合性科学技术，是信息采集、输入的重要方法和手段。

美国统一代码委员会(Uniform Code Council，UCC)于 1973 年建立了

UPC(Universal Product Code，通用产品条形码)条形码系统，并全面实现了条形码编码及其所标识的商品编码的标准化。同年，美国把 UPC 码作为行业的通用标准码制，为条形码技术在商业流通销售领域里的广泛应用起到了积极的推动作用。

1976 年，美国和加拿大在超级市场上成功使用了 UPC 系统，这给人们以很大的鼓舞，尤其是欧洲人对此产生了很大的兴趣。1977 年，欧洲共同体在 UPC 码的基础上，开发出与 UPC 码兼容的欧洲物品编码系统(简称 EAN 码)，并签署了欧洲物品协议备忘录，正式成立了欧洲物品编码协会(European Article Number Association，EAN)。1981 年，由于 EAN 组织已发展成为一个国际性组织，因此改名为国际物品编码协会(International Article Numbering Association，IAN)。但由于习惯和历史原因，该组织至今仍沿用 EAN 作为其简称。

EAN 的建立，不仅为建立全球性统一的物品标识体系提供了组织保障，同时也促进了条形码技术在各个领域的应用。现在条形码技术已渗透到商业、管理、邮电、公交等计算机应用的各个领域。国际物品编码协会与美国统一代码委员会的进一步合作，更加促进了条形码技术的发展。

20 世纪 80 年代，人们开发出了一些密度更高的一维码，如 EAN128 条形码和 93 码。同时，一些行业纷纷选择条形码符号，建立行业标准和本行业内的条形码应用系统。在这之后，二维码开始出现。二维码的出现使得条形码的作用从只能充当便于机械识读的物品代码扩展到能携带一定量信息的数据包，这就使得系统能够通过条形码对信息包实现自动识别和数据采集。在某些场合，二维码由于具有方便、价廉、快捷的特点，在信息识别和数据采集方面有着无可比拟的优势。

在我国，条形码技术的研究始于 20 世纪 70 年代，当时的主要工作是学习和跟踪世界先进技术。随着计算机应用技术的普及，20 世纪 80 年代末，条形码技术在我国的邮局、仓储、图书管理及生产过程的自动控制等领域开始得到初步应用。1991 年 4 月，中国物品编码中心代表我国加入国际物品编码协会，为全面开发我国条形码工作创造了有利条件。近年来，中国商品条形码系统成员数量迅速增加，据统计，我国已有 67%的商店应用了 POS(Point Of Sale)系统。目前，条形码技术已广泛应用于我国国民经济的众多领域。

2.1.2　条形码的分类与编号

　　条形码是集条形码理论、光电技术、计算机技术、通信技术、条形码印制技术于一体的一种自动识别技术。

　　条形码是由一组按照一定规则排列的条、空和相应的数字组成，用以表示一定信息的图形标识符。其组成如图 2.1 所示。

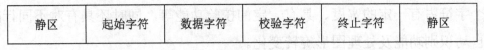

静区	起始字符	数据字符	校验字符	终止字符	静区

图 2.1　条形码的组成

　　按照条形码的种类，条形码可以分为 EAN 码(EAN-13、EAN-8 国际商品条形码)、UPC 码、Code 39 码(标准 39 码)、Code 25 码(标准 25 码)、ITF 25 码(交叉 25 码)、EAN 93 码和 EAN 128 码等。EAN 码系列是国际物流及商业通用的条形码符号标识体系，主要用于商品贸易单元的标识，具有固定的长度；UPC 码主要用于北美地区；EAN 128 码是由国际物品编码协会和美国统一代码委员会联合开发、共同推广的一种主要用于物流单元标识的条形码，它是一种连续型、非定长、有含义的高密度条形码，用以表示生产日期、批号、数量、规格、保质期、收货地等商品信息。

　　按照条形码的位数，条形码可以分为一维码、二维码和三维码(Visual Recognition Code，视觉识别码，简称 VR Code)。

1. 一维码

　　一维码即条形码，也称为条码，是由一组规则排列的条、空以及对应的字符组成的标记。其中，"条"指对光线反射率较低的部分，"空"指对光线反射率较高的部分，这些条和空组成的数据表达一定的信息，并能够用特定的设备识读，转换成与计算机兼容的二进制和十进制信息。常用的一维码的码制包括 EAN 码、39 码、ITF 25 码、UPC 码、128 码、93 码、ISBN 码及 Codabar(库德巴码)等。

　　通常对于每一种物品，它的编码是唯一的。对于普通的一维码来说，还要通过数据库建立条形码与商品信息的对应关系，当条形码的数据传到计算机上时，由计算机上的应用程序对数据进行操作和处理。因此，普通的一维码在使用过程中仅用于识别信息，其意义是通过在计算机系统的数据库中提取相应的信息实现的。一维码制作简单，编码码制较容易被不法分子获得并伪造。另外，一维码几乎不可能表示汉字和图像信息。

2. 二维码

二维码又称二维条形码(2-Dimensional Bar Code)，是用某种特定的几何图形按一定规律在平面(二维方向上)分布的、黑白相间的、记录数据符号信息的图形。二维码具有条形码技术的一些共性，如每种码制都有其特定的字符集、每个字符占有一定的宽度、具有一定的校验功能等，同时还具有对不同行的信息自动识别功能及处理图形旋转变化。

常见的二维码为 QR (Quick Response)Code，其是近几年来移动设备上十分流行的一种编码方式，比传统的 Bar Code 条形码能储存更多的信息，也能表示更多的数据类型。

3. 三维码

三维码在二维码的基础上增加了视觉属性。三维码相较于二维码具有更大的信息容量、相同的识别便易性和较好的安全性。其编码方式是先将文本编译为一串二进制数字，然后通过特定的算法并结合图片整体的色彩内容，将该二进制数字串与图像信息编码为一组可以通过特定规则解读的阵列。该图像阵列除了可以被机器设备读取以外，仅用人眼辨识也可以获取到部分乃至全部文本信息。

2.1.3　常见一维码介绍

1. EAN-13 码

EAN 是以消费资料为使用对象的国际统一商品代码。

只要用条形码阅读器扫描 EAN 码，便可以了解该商品的名称、型号、规格、生产厂商、所属国家或地区等丰富信息。

EAN 码包括 0~9 共 10 个数字字符，但对应的每个数字字符有三种编码形式：左侧数据符奇排列、左侧数据符偶排列以及右侧数据符偶排列。因此，10个数字将有 30 种编码，数据字符的编码图案也有 30 种。

EAN-13 标准码共 13 位数，其中国家代码占 3 位，厂商代码占 4 位，产品代码占 5 位，检查码占 1 位。EAN-13 码的结构与编码方式如图 2.2 所示。

图 2.2　EAN-13 码的结构与编码方式

　　国家代码由国际商品条形码总会授权，我国的国家代码为 690～691。凡由我国核发的号码，均须冠以 690～691 的字头，以区别于其他国家。厂商代码由中国物品编码中心核发给申请厂商，占 4 位，代表申请厂商的号码。产品代码占 5 位，代表单项产品的号码，由厂商自由编定。检查码占 1 位，用于防止条形码扫描器误读的自我检查。

2. UPC 码

　　UPC 码是美国统一代码委员会制定的一种商品条形码，主要在美国及加拿大使用。常见的 UPC 码的各种版本如表 2.1 所示。

表 2.1　UPC 码的各种版本

版　本	应用对象	格　式
UPC-A	通用商品	SXXXXX XXXXXC
UPC-B	医药卫生	SXXXXX XXXXXC
UPC-C	产业部门	XSXXXXX XXXXXCX
UPC-D	仓库批发	SXXXXX XXXXXCXX
UPC-E	商品短码	XXXXXX

　　注：S—系统码；X—资料码；C—检查码。

　　每个字码皆由 7 个模组组合成 2 线条 2 空白，其逻辑值可用 7 个二进制数字表示。例如，逻辑值 0001101 代表数字 1，逻辑值 0 为空白，1 为线条，故数字 1 的 UPC-A 码为粗空白(000)-粗线条(11)-细空白(0)-细线条(1)。从空白区开始，共 113 个模组，每个模组长 0.33 mm，条形码符号长度为 37.29 mm，如图 2.3 所示。

图 2.3　UPC-A 码范例

　　中间码两侧的资料码编码规则不同，左侧为奇，右侧为偶。奇表示线条的个数为奇数，偶表示线条的个数为偶数。起始码、左资料码、中间码、右资料码、终止码的线条高度大于数字码。左资料码与右资料码的逻辑值如表 2.2 所示。

表 2.2　左资料码与右资料码的逻辑值

字码	值	左资料码(奇) 逻辑值	右资料码(偶) 逻辑值
0	0	0001101	1110010
1	1	0011001	1100110
2	2	0010011	1100010
3	3	0111101	1000010
4	4	0100011	1011100
5	5	0110001	1001110
6	6	0101111	1010000
7	7	0111011	1000100
8	8	0110111	1001000
9	9	0001011	1110100

　　注：0 为空白，1 为线条。

3. ITF 码

　　ITF(Interleaved Tow of Five)码符号的编码与交叉 25 码相同，都是以两个字符为单位进行编码，其中一个字符以条编码，另一个字符以空编码，每个字符由三个窄单元和两个宽单元组成，两个字符的条空相互交叉组合在一起。

　　ITF 码是在交叉 25 码的基础上形成的一种应用于储运包装上的条形码。ITF

码是用于储运单元的条形码符号，包括 ITF-14、ITF-16 及 ITF-6(附加代码，Add-on)，它们都是定长型代码。

EAN 规范规定 ITF 码的放大系数为 0.625～1.2。当放大系数为 1.0 时，其基本尺寸如下：窄单元宽度为 1.016 mm，宽单元宽度为 2.450 mm。数据条形码字符对宽度为 $4 \times 2.45 + 6 \times 1.016 = 15.896(mm)$，保护框宽度为 4.8 mm(尺寸不随放大系数变化而变化)，两个相邻数字中心线之间的距离为 4.57 mm。

4. ISBN 码

ISBN(International Standard Book Number，国际标准书号)码是应图书出版、管理的需要，并便于国际出版物的交流与统计发展出的一套国际统一的编号制度，如图 2.4 所示。ISBN 码由一组冠有 ISBN 代号 978 的 10 位数码组成，用以识别出版物所属国别、地区或语言、出版机构、书名、版本及装订方式。

图 2.4　ISBN 码

5. ISSN 码

ISSN(International Standard Serial Number，国际标准连续出版物号)码是为各种内容类型和载体类型的连续出版物(如报纸、期刊、年鉴等)分配的具有唯一识别性的代码。分配 ISSN 码的权威机构是 ISSN 国际中心(ISSN International Centre)、国家中心和地区中心。

2.2　二维码技术

2.2.1　二维码概述

国外对二维码技术的研究始于 20 世纪 80 年代末，在二维码符号表示技术研究方面已研制出多种码制，常见的有 PDF417、QR Code、Code 49、Code 16K、Code One 等。这些二维码的信息密度都比传统的一维码有了较大提高，如

PDF417 的信息密度是一维码 Code 39 的 20 多倍。

在二维码标准化研究方面，国际自动识别制造商协会 (Automatic Identification Manufacturers，AIM)、美国国家标准化协会(American National Standard Institute，ANSI)已完成了 PDF417、QR Code、Code 49、Code 16K、Code One 等码制的符号标准。国际标准技术委员会和国际电工委员会还成立了条形码自动识别技术委员会(ISO/IEC/JTC1/SC31)，已制定了 QR Code 的国际标准(ISO/IEC 18004：2000《自动识别与数据采集技术一条形码符号技术规范—QR 码》)，起草了 PDF417、Code 16K、Data Matrix、Maxi Code 等二维码的 ISO/IEC 标准草案。在二维码设备开发研制、生产方面，美国、日本等国的设备制造商生产的识读设备、符号生成设备已广泛应用于各类二维码应用系统。

二维码作为一种全新的信息存储、传递和识别技术，自诞生之日起就得到了世界上许多国家的关注。美国、德国、日本等国家不仅已将二维码技术应用于公安、外交、军事等部门对各类证件的管理，而且也将二维码应用于海关、税务等部门对各类报表和票据的管理，商业、交通运输等部门对商品及货物运输的管理，邮政部门对邮政包裹的管理，工业生产领域对工业生产线的自动化管理。

中国对二维码技术的研究始于 1993 年。中国物品编码中心对几种常用的二维码 PDF417、QR Code、Data Matrix、Maxi Code、Code 49、Code 16K、Code One 的技术规范进行了翻译和跟踪研究。随着中国市场经济的不断完善和信息技术的迅速发展，国内对二维码这一新技术的需求与日俱增。中国物品编码中心在原国家质量技术监督局和国家有关部门的大力支持下，对二维码技术的研究不断深入。在消化国外相关技术资料的基础上，我国制定了两个二维码国家标准：《二维条码　网格矩阵码》(SJ/T 11349—2006)和《二维条形码　紧密矩阵码》(SJ/T 11350—2006)，大大促进了中国具有自主知识产权技术的二维码的研发。

2.2.2　二维码原理

二维码是一种比一维码更高级的条形码格式，其组成如图 2.5 所示。一维码只能在一个方向(一般是水平方向)上表达信息，而二维码在水平和垂直方向都可以表达信息。一维码只能由数字和字母组成，而二维码能存储汉字、数字和图片等信息，因此二维码的应用领域要广得多。

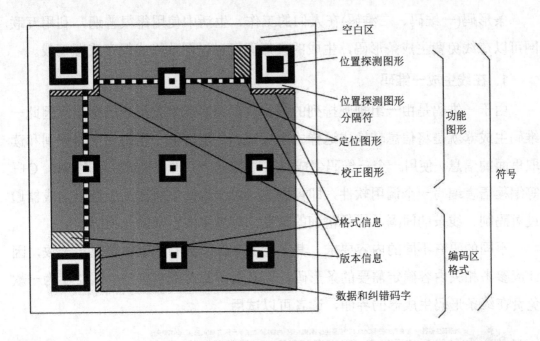

图 2.5　二维码的组成

二维码在代码编制上巧妙地利用构成计算机内部逻辑基础的"0""1"比特流的概念，使用若干个与二进制相对应的几何形体表示文字数值信息，通过图像输入设备或光电扫描设备自动识读，以实现信息自动处理。

每种码制有其特定的字符集，每个字符占有一定的宽度，具有一定的校验功能，同时还具有对不同行的信息自动识别功能及处理图形旋转变化等特点。

二维码可以分为堆叠式/行排式二维码和矩阵式二维码。堆叠式/行排式二维码形态上由多行短截的一维码堆叠而成；矩阵式二维码以矩阵的形式组成，在矩阵相应元素位置上用"点"表示二进制"1"，用"空"表示二进制"0"，"点"和"空"的排列组成代码。

堆叠式/行排式二维码包括 Code 16K、Code 49、PDF 417 等，矩阵式二维码中最流行的是 QR 码。QR 码常见于日本、韩国，并为当前日本最流行的二维码。

目前，二维码的安全性也正备受挑战，恶意软件和病毒正成为二维码普及道路上的"绊脚石"。因此，发展与防范二维码的滥用成为一个亟待解决的问题。

2.2.3　在线生成条形码

条形码(一维码、二维码)在人们的工作、生活中使用得很普遍,利用互联网可以在线免费生成条形码,生成的条形码可以以图片格式保存或者下载。

1. 在线生成一维码

由于一维码是由一组规则排列的条、空以及对应字符组成的标记,因此一维码生成器就是将信息转换成这样一个标记,并能够被一维码扫描器识别和读取里面的信息。使用一个一维码生成算法或者一个一维码插件,运用 VB、C++等编程语言编写一个调用软件,即可做成一个一维码生成器。一维码生成器通过对码制、线条的间隔、线条粗细的改变,可以生成不同的一维码。

不同的码有不同的内容要求,其支持的字符位数和数字位数也不一致,因此应参考相关内容确定需要的条形码,但多数码都对数字有效。图 2.6 为一款免费在线条形码生成器的界面,读者可以试用。

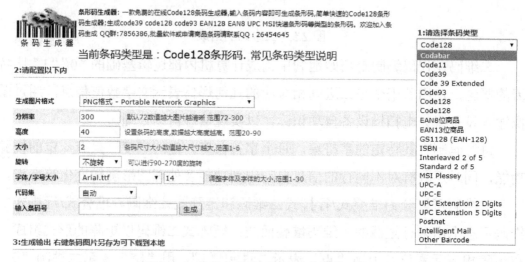

图 2.6　免费在线条形码生成器的界面

2. 在线生成二维码

常用来生成二维码的内容包括电子名片、文本、WiFi 网络、电子邮件、SMS短信、电话号码、网址等信息,如图 2.7 所示。在"类型"下拉列表中选择要生成二维码的类型,在中间编辑框中输入需要识别的内容,单击"生成二维码"按钮,即可在线免费生成二维码。

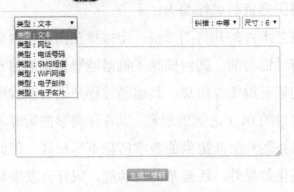

图 2.7　在线生成二维码

2.3　三维码及生物识别

2.3.1　三维码概述

1. 三维码介绍

三维码的结构如图 2.8 所示。

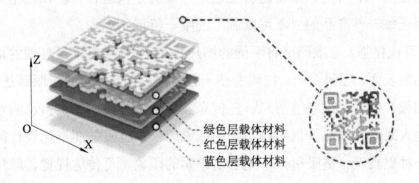

绿色层载体材料
红色层载体材料
蓝色层载体材料

图 2.8　三维码的结构

　　三维码的特点是信息量大，在相同的编码面积上，其最大可表示的数据量是 PDF417 码的 10 倍以上，所以可以在普通大小的编码内包含大量的、足够识别真伪的辅助信息。三维码的主要特征在于利用色彩或灰度(或称黑密度)表示不同的数据并进行编码。

三维码可在各种需要保密及防伪等重要领域中应用，如对各种证件、文字资料、图标及照片等图形资料进行编码。

三维码是用某些艺术性的几何图形按一定规律在图像化内容上分布深浅相间的图形记录数据符号信息的，其内部除了机器能够识别的信息外，还为自然人提供了能够辨别的第三维图像信息。其编码过程是通过图像中各像素点的数字信息与数据符号信息的 0、1 之间的逻辑，以各种科学的运算方式智能化地进行编辑制码。由于每张图片所能提供的数字信息不尽相同，因此该类编码除了可以大幅度提高可视化效果外，还自带防伪功能。应社会发展需要，该编码方式还可以将第三维数字用于机器识别。

2. 三维码的特点

三维码具有如下特点：

(1) 安全性。三维码采用闭源的生成制作方式，并且每一张三维码均可在中国编码中心查询，实现了用码备案制。另外，三维码可以与数字、图案等有机结合，具备不容易仿造和仿造成本高的特性，更加安全。

(2) 防止复制。结构三维码利用结构多层纸，将防伪元素及信息集合用物理方式随机深浅雕琢其上，使之不同部位随机呈现不同深浅和不同颜色的结构特征，再使用 AI 智能识别将这种工艺所形成的结构组合特征识别出来，最终形成专属于每一件产品的"不可复制"的唯一特征码。

(3) 可视化强。三维码可将不同的图片、logo、文字等以最直观的形式显现在三维码的表面，标码合一，扫码者使用设备识读前，即可通过眼睛进行辨别，分辨其图像、编号、文字等信息。任何企业和个人都可以根据自己的意愿设计出吸引他人眼光且与品牌气质相契合的三维码。三维码的图形化设计能够给人们带来一种更直观、更吸引人、更容易识别的印象，可传达视觉、触觉、听觉三位一体的互动诉求，可以产生一种过目不忘的品牌文化体验和赏心悦目的视觉效果。

(4) 超高速。三维码中信息的读取是通过三维码符号的位置探测图形，用硬件来实现的，因此其信息识读过程所需时间很短，具有超高速识读的特点。用条形码识读设备，每秒可识读 30 个含有 100 个字符的三维码。

(5) 全方位。三维码具有 360°全方位识读的特点，可以对旋转后的三维码进行全方位的识别，识读器与三维码固定夹角 30°～45°均可识读，提高了扫码次数及扫码识别度。

(6) 方便管理。三维码的独特性及可视化强的特点能够确保每一张码表面均不同，而肉眼可直观辨别分类，方便产品管理，提升工作效率。

2.3.2 指纹识别

1. 识别原理

每个人的指纹的图案、断点和交叉点各不相同，呈现唯一性且终生不变。据此，可以把一个人同他的指纹对应起来，通过将他的指纹和预先保存的指纹数据进行比较，就可以验证其真实身份，这就是指纹识别技术。

首先，通过指纹读取设备读取到人体指纹图像，并对原始图像进行初步处理，使之更清晰。

接下来，使用指纹辨识软件建立指纹的数字表示——特征数据，这是一种单方向的转换，即可以从指纹转换成特征数据但不能从特征数据转换成指纹，而两枚不同的指纹不会产生相同的特征数据。有的算法把节点和方向信息组合产生了更多的数据，这些方向信息表明了各个节点之间的关系；也有的算法处理的是整幅指纹图像。总之，这些数据通常称为模板，其占用的存储空间为 1 KB。目前没有一种通用的模板标准，也没有一种通用的抽象算法，而是各个厂商自行其是。

最后，通过计算机模糊比较的方法对两个指纹的模板进行比较，计算出它们的相似程度，最终得到两个指纹的匹配结果。

指纹识别原理如图 2.9 所示，指纹识别示意图如图 2.10 所示。

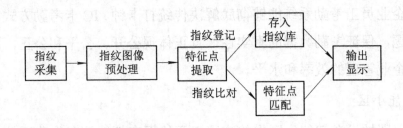

图 2.9 指纹识别原理

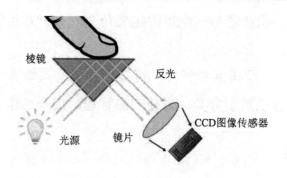

图 2.10　指纹识别示意图

指纹识别算法最终都归结为在指纹图像上找到并比对指纹的特征。人们定义了指纹的两类特征来进行指纹的验证，即总体特征和局部特征。总体特征是指那些用人眼直接就可以观察到的特征，包括环形(Loop)、弓形(Arch)和螺旋形(Whorl)三种基本纹路图案，通常的指纹图案都基于这三种基本图案生成。局部特征是指指纹上的线条节点的特征，这些具有某种特征的节点称为特征点。两枚指纹经常会具有相同的总体特征，但它们的局部特征却不可能完全相同。指纹纹路并不是连续的、平滑笔直的，而是经常出现中断、分叉或打折。这些断点、分叉点和转折点就称为局部特征点，其提供了指纹唯一性的信息。

2. 应用领域

作为生物识别技术中应用广泛、价格低廉的识别技术之一，指纹识别技术自 2012 年以来保持着良好的发展态势，未来指纹识别市场将会持续保持稳定的增长速度。目前指纹识别技术主要应用在企业考勤和智能小区门禁系统中，随着技术的成熟和成本的降低，指纹识别技术的应用领域也会越来越广泛。

1) 指纹考勤

考勤是现代企业管理的基础，也是衡量企业管理水平的重要标志。基于指纹识别的企业员工考勤系统能够彻底解决传统打卡钟、IC 卡考勤方式所出现的代打卡问题，保证考勤数据的真实性，真正体现公开、公平和公正，因此能进一步提高企业管理的效率和水平。

2) 智能小区

指纹识别技术在智能小区中的应用主要体现在智能停车收费系统、超市购物系统、图书借阅管理系统、楼宇出入管理系统等日常活动中，有效解决了居民使用证件繁多容易丢失，给生活带来很多不便的矛盾，并提升了社区的管理水平，促进了管理手段的现代化。

3) 指纹锁

把指纹识别技术应用于传统的门锁之中，是生物识别技术从专业市场走向民用市场的不二之选。指纹锁产品的出现宣告了新一代门锁时代的来临，指纹锁将会逐渐改变人类以往使用钥匙开门的生活方式。指纹锁的便捷、安全、低成本特性将会带来非常乐观的市场前景，新一轮门锁竞争将促使指纹锁市场迅猛向前发展。

4) 多元化应用

除了在企业考勤和智能小区中的应用外，指纹识别技术在司法领域、金融领域等大型的公共项目中也有着非常广泛的应用。除此之外，指纹识别技术还被创新应用到护照、签证、身份证等十分重要的管理系统中，承担着基于大规模数据库的自动身份识别功能。

2.3.3　人脸识别

1. 识别原理

人脸识别是基于人的脸部特征信息进行身份识别的一种生物识别技术，通常也称人像识别、面部识别。人脸识别用摄像机或摄像头采集含有人脸的图像或视频流，并自动在图像中检测和跟踪人脸，进而对检测到的人脸进行脸部识别。

人脸识别系统集成了人工智能、机器识别、机器学习、模型理论、专家系统、视频图像处理等多种专业技术，同时需结合中间值处理的理论与实现，是生物特征识别的最新应用，其核心技术的实现展现了弱人工智能向强人工智能的转化。

目前的人脸识别技术分为二维人脸识别和三维人脸识别两大类。二维人脸识别基于人脸平面图像，但实际上人脸本身是三维的，人脸平面图像只是三维人脸在一个平面上的投影，在投影过程中必然会丢失一部分信息。因此，二维人脸识别的性能一直受到环境光线、姿态、表情等因素的不利影响。

三维人脸识别基于三维人脸图像，具备一些三维图像信息的技术优势，但其采集设备昂贵，采集系统复杂，存储度高，人脸重建算法非常复杂，且识别速度较慢。人脸识别原理如图 2.11 所示。

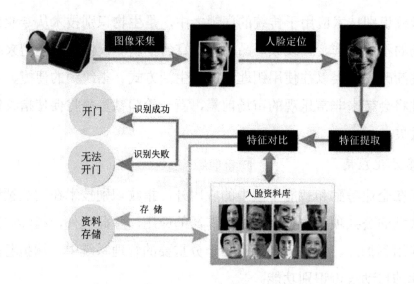

图 2.11　人脸识别原理

中控人脸识别在人脸识别方面采用了"双目立体"人脸识别算法，专用双摄像头就好像人的一双眼睛，既保留了二维人脸识别简单的优点，又借鉴了三维人脸识别的部分三维信息，识别性能达到国际一流，识别速度快。利用人的面部指纹特征，通过特殊的光电扫描和计算机图像处理技术，对活体面部纹理进行采集、分析和对比，自动、迅速、准确地鉴别出个人身份。中控人脸识别系统由活体指纹采集仪、图像板、计算机及指纹自动识别软件、应用系统和数据库组成。在实际应用中，由于预先建立了数据库，因此只要将人脸对着摄像头，机器就会感到人像的特征，并自动地将该人像与数据库中采集好的人像进行比较，很快就可以验出被检人的身份。

传统的人脸识别技术主要是基于可见光图像的人脸识别，这也是人们熟悉的识别方式，已有 30 多年的研发历史。但这种方式有着难以克服的缺陷，尤其在环境光照发生变化时，识别效果会急剧下降，无法满足实际系统的需要。

迅速发展起来的一种解决方案是基于主动近红外图像的多光源人脸识别技术，其可以克服光线变化的影响，已经取得了卓越的识别性能，在精度、稳定性和速度方面的整体系统性能超过三维图像人脸识别。这项技术在近几年发展迅速，使人脸识别技术逐渐走向实用化。

2. 应用领域

人脸识别具有非侵犯性好、安全性高、应用环境广泛等特性，具有如下优点：有效防止冒名顶替；识别准确性高，认假率低于 0.001%；识别速度快，验证时间小于 1 s。

人脸识别产品已广泛应用于金融、司法、军队、公安、边检、政府、航天、电力、工厂、教育、医疗及众多企事业单位等领域。随着技术的进一步成熟和社会认同度的提高，人脸识别技术将应用在更多的领域。目前，人脸识别技术主要应用于以下行业：

(1) 企业、住宅安全和管理，如人脸识别门禁考勤系统、人脸识别防盗门等。

(2) 电子护照及身份证，如中国的电子护照计划正在由公安部第一研究所加紧规划和实施。

(3) 公安、司法和刑侦，如利用人脸识别系统和网络在全国范围内搜捕逃犯。

(4) 自助服务，如在线申办公司营业执照。

(5) 信息安全，如计算机登录、电子政务和电子商务。

本 章 小 结

本章介绍了物品识别技术中应用最广泛的条形码识别技术。条形码包括一维码、二维码和三维码。其中，一维码和二维码由于制作简单，因此其应用最广，但安全型也相对较弱。本章在生物识别部分仅介绍了指纹识别和脸部识别，虹膜识别、手掌静脉识别等其他生物识别未做介绍，读者可在本章识别技术的基础上进一步学习了解。

第 3 章　定位技术

随着社会和科技的不断发展，对物品定位的需求已不仅仅局限于传统的航空、航海、航天和测绘领域。尤其在军事领域，对导航定位提出了更高的要求。本章主要介绍定位基础知识与基本原理。

3.1　定位技术概述

3.1.1　定位技术介绍

导航定位从早期的陆基无线电导航系统到现在常用的卫星导航系统，经历了近百年的发展，从最初的精度差、设备体积庞大的陆基导航系统到现在多种导航定位技术共存，设备日趋小型化，在技术手段、导航定位精度、可用性等方面均取得质的飞越。

1. 陆基导航系统

陆基导航系统是 20 世纪第一次世界大战期间发展起来的，其首先应用在航海领域，后逐渐扩展到航空领域。陆基导航系统采用的技术手段主要是无线电信标，舰船和飞机接收信标的发射信号，通过方向图调制测出与信标的方位，从而确定自身的航向。这时的导航侧重的主要是测向，定位能力比较差。

陆基导航系统虽然定位精度比较差，但其具备信号发射功率大、不易受干扰、数据更新率较高等卫星导航系统所不具备的优点，因此目前仍然是国际通用的民航导航系统，特别是 VOR(Very high frequency Omni directional Range，甚高频全向信标)-DME(Distance Measurement Equipment，距离测量设备)系统。VOR 是一种近程的无线电相位测角系统，由地面发射台和机载接收设备组成，地面台发射信号，机载设备只接收信号，为飞机提供相对于地面台的磁北方位角；DME 用于测量载体到某固定点的直线距离，由于采用询问-应答的工作方式来测量距离，因此其也称为应答/测距系统。

我国民航导航系统主要是 VOR-DME 系统，在此领域有很好的基础。塔康导航系统是一种组合陆基导航手段，同时也是我军未来主要的发展方向。一个塔康台相当于一个 VOR-DME 组合台，能够在用户飞行高度已知的条件下完成定位。塔康信标台主要配置在野战机场、临时航路点及机场较密集地区导航点，可同时为空中 100 架飞机提供导航方位信息、距离信息和识别信息。

陆基导航系统主要有测角和测距两种定位手段，分别由 VOR 和 DME 两种导航系统来实现，其中 VOR 测量飞机相对台站的磁方位角，DME 测量飞机与地面 DME 台间的斜距。单一的陆基导航台站无法实现对飞行器的定位，但 VOR-DME 组合或 DME-DME 组合共同观测就可实现对飞行器的定位。

2. 自主导航系统

陆基导航系统具有价格低、可靠性高等优点，但它依赖于电磁波在空中的传播，系统的生存能力、抗干扰能力和抗欺骗能力较为薄弱。因此，自主导航系统逐渐得到了发展，主要有惯性导航系统(Inertial Navigation System，INS)和多普勒导航系统两种。

1) 惯性导航系统

惯性导航系统简称为惯性系统或惯性导航，是一种利用安装在运载体上的陀螺仪和加速度计来测定运载体位置的一个系统。通过陀螺仪和加速度计的测量数据，可以确定运载体在惯性参考坐标系中的运动，同时也能计算出运载体在惯性参考坐标系中的位置。

惯性导航系统于 20 世纪 60 年代开始投入使用，是以惯性测量器件——陀螺为中心，通过测量载体的三维加速度、积分测速和测距，根据起点坐标推算载体当前坐标的一种定位方法。其优点是完全自主导航；缺点是精度随着距离和时间的推移逐渐降低，往往需要定期校准。

目前惯性导航系统一般和卫星导航系统结合使用，利用卫星导航系统为其提供校准坐标。

2)多普勒导航系统

多普勒导航系统于20世纪50年代开始发展，利用机载多普勒雷达探测地面，测出飞机的三维速度，进行推算导航。与惯性导航系统的区别是，多普勒导航系统使用机载雷达完成载体的实时三维速度测量。由于雷达存在测量误差，因此其定位误差随时间的累积逐渐扩大。

多普勒导航系统是指利用多普勒效应进行导航的自备式导航设备的总称，通常由多普勒导航雷达、航向姿态系统、导航计算机、控制显示器等构成。由多普勒导航雷达测得的、与飞机地速和偏流角相对应的多普勒频移(地面回波的频率与雷达发射的电波频率之差)信号，与航向姿态系统提供的飞机航向、俯仰、倾斜信号一并送入导航计算机，计算出地速和偏流角，求得飞机位置及其他导航参数，控制显示器显示各种导航参数并实施对系统的操纵和控制。

3.1.2　现代定位技术

随着数据业务和多媒体业务的快速增加，人们对定位与导航的需求日益增大，尤其在复杂的室内环境，如机场大厅、展厅、仓库、超市、图书馆、地下停车场、矿井等环境中，常常需要确定移动终端的位置信息。由于受定位时间、定位精度以及复杂环境等条件的限制，比较完善的定位技术目前还无法很好地利用。因此，专家学者提出了许多定位技术解决方案，如GPS定位技术、超声波定位技术、蓝牙技术、红外线技术、射频识别技术、超宽带技术、无线局域网络、光跟踪定位技术，以及图像分析、信标定位、计算机视觉定位技术等。这些定位技术从总体上可归纳为几类，如卫星定位技术、无线定位技术(无线通信、射频定位、超声波、光跟踪、传感器定位等)、其他定位技术(计算机视觉、航位推算等)，以及卫星和无线定位组合的定位技术。

3.2　卫星定位系统

卫星定位是通过特定的位置标识与测距技术来确定物体的空间物理位置信息(经纬度坐标)。其常用的定位方法一般分为两种：基于卫星导航的定位和基于参考点的基站定位。基于卫星导航的定位方式主要是利用设备或终端上的 GPS 定位模块将自己的位置信号发送到定位后台来实现基站定位，利用基站与通信设备之间无线通信和测量技术，计算两者间的距离，并最终确定通信设备位置信息。基于参考点的基站定位将在 3.3 节中详细介绍。

3.2.1 全球定位系统

1. 美国全球定位系统

美国的全球定位系统(GPS)是 20 世纪 70 年代由美国陆、海、空三军联合研制的新型空间卫星导航定位系统。其主要目的是为陆、海、空三大领域提供实时、全天候和全球性的导航服务，并用于情报收集、核爆监测和应急通信等军事目的，是美国独霸全球战略的重要组成部分。经过二十余年的研究试验，耗资 300 亿美元，到 1994 年 3 月，全球覆盖率高达 98%的 24 颗 GPS 卫星全部布设完成，如图 3.1 所示。

图 3.1 GPS 卫星分布

GPS 是一个全球性、全天候、全天时、高精度的导航定位和时间传递系统。作为军民两用系统，其提供两个等级的服务。近年来，美国政府为了加强其在全球导航市场的竞争力，撤销对 GPS 的 SA(Selective Availability)干扰技术，标准定位服务定位精度双频工作时实际可提高到 20 m，授时精度提高到 40 ns，以此抑制其他国家建立与其平行的系统，并提倡将 GPS 和美国政府的增强系统作为国际使用的标准。

GPS 包括绕地球运行的 27 颗卫星(24 颗运行、3 颗备用)，它们均匀地分布在 6 个轨道上。每颗卫星距离地面约 1.7 万 km，能连续发射一定频率的无线电信号。只要持有便携式信号接收仪，无论身处陆地、海上还是空中，都能收到卫星发出的特定信号。接收仪中的计算机只要选取 4 颗或 4 颗以上卫星发出的信号进行分析，就能确定接收仪持有者的位置。GPS 除了导航外，还具有其他多种用途，如科学家可以用它来监测地壳的微小移动，从而帮助预报地震；测绘人员利用它来确定地面边界；汽车司机在迷途时通过它能找到方向；军队依靠它来保证正确的前进方向。

2. 欧盟 Galileo 系统

欧盟 Galileo 系统是世界上第一个基于民用的全球卫星导航定位系统，是欧盟为了打破美国的 GPS 在卫星导航定位这一领域的垄断而开发的全球卫星导航定位系统，有欧洲版 GPS 之称。

2010 年 1 月 7 日，欧盟委员会称，Galileo 系统将从 2014 年起投入运营，耗资 30 亿欧元，韩国、中国、日本、阿根廷、澳大利亚、俄罗斯等国都参与了该计划，当初的目标完成时间是 2008 年，但由于技术等各种原因，进展十分缓慢，原定时间节点一拖再拖，延长到了 2014 年。Galileo 计划的目标是建设独立的、全球性的民用导航和定位系统，为欧盟成员国和中国的公路、铁路、空中和海洋运输甚至徒步旅行者提供有保障的定位导航服务，从而也将打破美国独霸全球卫星导航系统的格局。

Galileo 系统主要由三大部分组成：空间星座部分、地面监控与服务设施部分以及用户设备部分。

空间星座部分由分布在三个轨道上的 30 颗中高度圆轨道卫星构成，卫星分布在三个高度为 23 616 km，倾角为 56°的轨道上，每个轨道有 9 颗工作卫星外加一颗备用卫星，备用卫星停留在高于正常轨道 300 km 的轨道上，能使任何人在任何时间、任何地点准确定位，误差不超过 3 m，定位精度也高于 GPS 定位精度。

地面监控与服务设施部分包括两个位于欧盟的 Galileo 控制中心(Galileo Control Center)和 20 个分布在全球的 Galileo 传感器站(Galileo Sensor Station)。Galileo 控制中心主要控制卫星的运转和导航任务的管理，20 个 Galileo 传感器站通过冗余通信网络向 Galileo 控制中心传送数据。

用户设备部分主要由导航定位模块和通信模块组成。

Galileo 系统可以发送实时的高精度定位信息,这是现有的卫星导航系统所没有的;同时,Galileo 系统能够保证在许多特殊情况下提供服务,如果失败也能在几秒内通知客户。与美国的 GPS 相比,Galileo 系统更先进,也更可靠。美国 GPS 提供的卫星信号只能发现地面约 10 m 长的物体,而 Galileo 系统的卫星则能发现 1 m 长的目标。

3. 俄罗斯 GLONASS 系统

1993 年,俄罗斯开始独自建立全球卫星导航系统 GLONASS,系统于 2007 年开始运营,当时只开放了俄罗斯境内卫星定位及导航服务。到 2009 年,其服务范围已经拓展到全球。该系统主要服务内容包括提供陆地、海上及空中目标的坐标及运动速度信息等。GLONASS 至少需要 18 颗卫星才可以为俄罗斯全境提供定位和导航服务,如果要提供全球服务,则需要 24 颗卫星在轨工作,另有 6 颗卫星在轨备用。

GLONASS 与 GPS 类似,由空间星座部分、地面监控与服务设施部分以及用户设备部分组成。空间星座部分主要由 24 颗卫星组成,均匀分布在三个近圆形的轨道面上,每个轨道面有 8 颗卫星,轨道高度为 19 100 km,运行周期为 11h15 min,轨道倾角比 GPS 略大,为 64.8°。地面监控与服务设施部分和用户设备部分均与 GPS 类似。

4. 北斗卫星导航系统

北斗卫星导航系统(BeiDou(COMPASS)Navigation Satellite System,CNSS)是我国建立的自主发展、独立运行的全球卫星导航与通信系统。与美国 GPS、俄罗斯 GLONASS、欧盟 Galileo 系统并称全球四大卫星导航系统。

北斗卫星导航系统由空间端、地面端和用户端 3 部分组成。空间端包括 3 颗静止轨道卫星和 30 颗非静止轨道卫星,如图 3.2 所示。其中,30 颗非静止轨道卫星又细分为 27 颗中轨道(Middle Earth Orbit,MEO)(含 3 颗备份卫星)卫星和 3 颗倾斜地球同步轨道(Inclined GeoSynchronous Orbit,IGSO)卫星,27 颗 MEO 卫星平均分布在倾角 55°的 3 个平面上,轨道高度为 21 500 km。地面端包括主控站、注入站和监测站等若干个地面站。用户端包括用户终端以及与其他卫星导航系统兼容的终端。

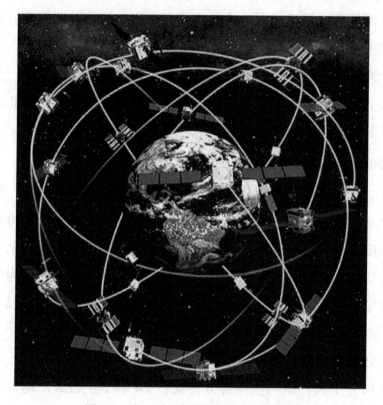

图 3.2　北斗卫星导航系统卫星分布

北斗卫星导航系统可在全球范围内全天候、全天时为各类用户提供高精度、高可靠的定位、导航、授时服务，并兼具短报文通信能力，定位精度为分米、厘米级别，测速精度为 0.2 m/s，授时精度为 10 ns。北斗卫星导航系统的建设目标是建成独立自主、开放兼容、技术先进、稳定可靠及覆盖全球的卫星导航系统。北斗卫星导航系统提供开放服务和授权服务两种服务，其中开放服务向全球用户免费提供定位、测速和授时服务，定位精度为 10 m，测速精度为 0.2 m/s，授时精度为 50 ns；授权服务为有高精度、高可靠卫星导航需求的用户提供定位、测速、授时和通信服务以及系统完好性信息。北斗卫星导航系统终端增加了通信功能；全天候快速定位，通信盲区极少，精度与 GPS相当，且与 GPS 兼容，而在亚太地区精度会超过 GPS；向全世界提供的服务都是免费的，在提供导航定位和授时服务时，用户数量没有限制，信息被高强度加密，安全、可靠、稳定。

3.2.2　卫星定位系统的原理

1. 卫星定位系统的组成

卫星定位系统主要由空间部分、地面控制部分和用户接收设备部分 3 部分构成，如图 3.3 所示。

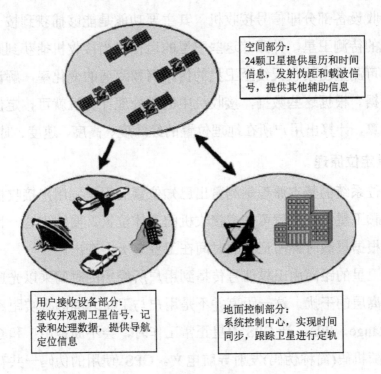

空间部分：
24颗卫星提供星历和时间信息，发射伪距和载波信号，提供其他辅助信息

用户接收设备部分：
接收并观测卫星信号，记录和处理数据，提供导航定位信息

地面控制部分：
系统控制中心，实现时间同步，跟踪卫星进行定轨

图 3.3　卫星定位系统的组成

1) 空间部分

卫星定位系统的空间部分通常由 24 颗工作卫星组成，卫星位于距地表 20 200 km 的上空，均匀分布在 6 个轨道面上(每个轨道面 4 颗)，轨道倾角为 55°。此外，还有 4 颗有源备份卫星在轨运行。卫星的这种分布使得在全球任何地方、任何时间都可观测到 4 颗以上的卫星，并能提供良好定位解算精度的几何图像，这就提供了在时间上连续的全球导航能力。

2) 地面控制部分

地面控制部分由 1 个主控站、5 个全球监测站和 3 个地面控制站组成。全球监测站均配装有能够连续测量到所有可见卫星的接收机。地面控制站在每颗卫星运行至上空时，把这些导航数据及主控站指令注入卫星。这种注入对每颗 GPS 卫星每天一次，并在卫星离开注入站作用范围之前进行最后的注入。如果某地面站发生故障，那么在卫星中预存的导航信息还可用一段时间，但导航精度会逐渐降低。

3) 用户接收设备部分

用户接收设备部分即信号接收机，其主要功能是能够捕获到按一定卫星截止角所选择的待测卫星，并跟踪这些卫星的运行。当接收机捕获到跟踪的卫星信号后，即可测量出接收天线至卫星的伪距离和距离的变化率，解调出卫星轨道参数等数据。根据这些数据，接收机中的微处理计算机就可按定位解算方法进行定位计算，计算出用户所在地理位置的经纬度、高度、速度、时间等信息。

2. 卫星定位原理

卫星定位系统的基本原理是测量出已知位置的卫星到用户接收机之间的距离，综合多颗卫星的数据就可知道接收机的具体位置。要达到这一目的，卫星的位置可以根据星载时钟所记录的时间在卫星星历中查出。

用户到卫星的距离由卫星信号传播到用户所经历的时间乘以光速得到。由于大气层电离层的干扰，这一距离并不是用户与卫星之间的真实距离，而是伪距(Pseudo Range，PR)。当 GPS 卫星正常工作时，会不断地用 1 和 0 二进制码元组成的伪随机码(简称伪码)发射导航电文。GPS 使用的伪码一共有两种，分别是民用的 C/A 码和军用的 P(Y)码。

C/A 码频率为 1.023 MHz，重复周期为 1 ms，码间距为 1 μs，相当于 300 m。P 码频率为 10.23 MHz，重复周期为 266.4 天，码间距为 0.1 μs，相当于 30 m；Y 码是在 P 码的基础上形成的，保密性能更佳。

导航电文包括卫星星历、工作状况、时钟改正、电离层时延修正、大气折射修正等信息，它是从卫星信号中解调制出来，以 50 b/s 调制在载频上发射的。

当用户接收到导航电文时，提取出卫星时间并将其与自己的时钟做对比便可得知卫星与用户的距离，再利用导航电文中的卫星星历数据推算出卫星发射电文时所处位置、用户的位置速度等信息。由此可见，导航系统卫星部分的作用就是不断地发射导航电文。

　　然而，由于用户接收机使用的时钟与卫星星载时钟不可能总是同步，因此除了用户的三维坐标 x、y、z 外，还要引进一个 Δt，即卫星与接收机之间的时间差作为未知数，然后用四个方程将这四个未知数解出来。所以，如果想知道接收机所处的位置，至少要能接收到四个卫星的信号，如图 3.4 所示。

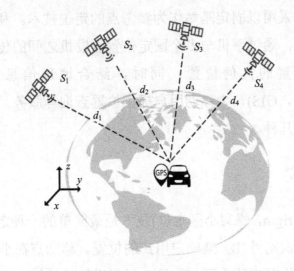

图 3.4　卫星定位原理

　　图 3.4 中，测定用户坐标为 $(x,\ y,\ z)$，其与四颗卫星 $s_i(i=1,\ 2,\ 3,\ 4)$ 之间的距离 $d_i = c\Delta t_i(i=1,\ 2,\ 3,\ 4)$，其中 c 为 GPS 信号的传播速度(光速)，Δt_i $(i=1,\ 2,\ 3,\ 4)$ 为卫星信号到达测定位置所需的时间差。根据四颗卫星的位置 $(x_s,\ y_s,\ z_s)$，利用空间任意两点间的距离公式，可得公式组：

$$
\begin{cases}
\sqrt{(x_1 - x)^2 + (y_1 - y)^2 + (z_1 - z)^2} + c(\tau_1 - \tau) = d_1 \\
\sqrt{(x_2 - x)^2 + (y_2 - y)^2 + (z_2 - z)^2} + c(\tau_2 - \tau) = d_2 \\
\sqrt{(x_3 - x)^2 + (y_3 - y)^2 + (z_3 - z)^2} + c(\tau_3 - \tau) = d_3 \\
\sqrt{(x_4 - x)^2 + (y_4 - y)^2 + (z_4 - z)^2} + c(\tau_4 - \tau) = d_4
\end{cases}
$$

式中，$\tau_i(i=1,\ 2,\ 3,\ 4)$ 为接收设备与标准卫星时钟的钟差。

　　通过上述公式，可计算出测定用户的位置坐标 $(x,\ y,\ z)$。

　　卫星导航定位系统具有性能好、精度高、应用广的特点，是迄今最好的定位系统。随着全球定位系统的不断改进，硬、软件的不断完善，其应用领域正在不断地开拓，已遍及国民经济各个部门，并开始逐步深入人们的日常

3.3　蜂窝定位技术

蜂窝定位一般采用以固定基站作为参考点的定位技术。利用电信部门运营商的移动通信网络，通过手机与多个固定位置收发机之间的传播信号特征参数来计算出目标位置的几何位置；同时，结合地理信息系统(Geographic Information System，GIS)，为移动用户提供位置查询等服务。蜂窝定位的常用方法主要包括以下几种。

3.3.1　COO 定位

COO(Cell of Origin，蜂窝小区定位)技术是最简单的一种定位方式，其根据移动点所处的小区识别号 ID 来确定用户的位置。移动点在小区注册后，系统的数据库中就会有相对应的小区 ID 号。只要系统能够把该小区基站设置的中心位置(在当地地图中的位置)和小区的覆盖半径广播给小区范围内的所有移动台，根据这些移动台就能知道自己处在什么地方，查询数据库即可获取位置信息。COO 定位技术是基于网络的定位技术方案，其优点是无须对网络和手机进行修改，响应时间短。

COO 定位是一种单基站定位，是通过手机当前连接的蜂窝基站的位置进行定位的，如图 3.5 所示。

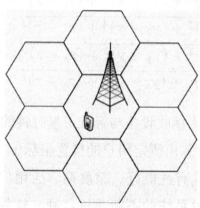

图 3.5　COO 定位原理

该方法的定位精度与小区基站的分布密度密切相关，在基站密度较高的区域，这种定位方式精度可以达到 100～150 m；在基站密度较低的区域(如农村、山区)，其精度下降到 1～2 km。该方法的优点是定位时间短，对现有网络或手机不需要特殊要求就能够实现定位；缺点是定位精度取决于小区基站半径。

3.3.2   TOA 定位

TOA(Time of Arrival，基于电波传播时间)定位是一种三基站定位方法，该定位方法以电波的传播时间为基础，利用移动点(手机)与三个基站之间的电波传播时延计算得出手机的位置信息。

被测点(标签)发射信号到达三个参考节点接收机(基站)，通过测量到达不同接收机所用的时间，得到发射点与接收点之间的距离，然后以接收机为圆心，所测得的距离为半径画圆，三个圆的交点即为被测点所在的位置。当出现多个圆不交于同一点时，可以采用一定的方法消除奇异解而得到一个准确的估计位置。但是，TOA 要求参考节点与被测点保持严格的时间同步，而多数应用场合无法满足这一要求。

TOA 定位原理如图 3.6 所示。

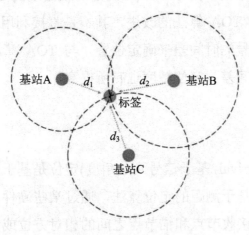

图 3.6   TOA 定位原理

3.3.3   TDOA 定位

TDOA(Time Difference of Arrival，基于电波到达时差)定位与 TOA 定位类

似，也是一种三基站定位方法。该方法利用手机收到不同基站的信号的时差计算手机的位置信息，如图 3.7 所示。

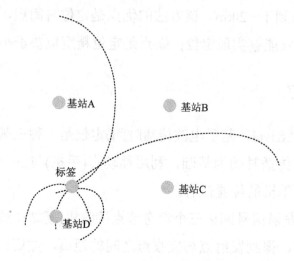

图 3.7 TDOA 定位原理

不同于 TOA，TDOA 是通过检测信号到达两个基站的绝对时间差，而不是根据到达的飞行时间来确定移动台的位置，降低了信号源与各个监测站的时间同步要求，但提高了各个监测站的时间同步要求。采用三个不同的基站可以测到两个 TDOA，移动站位于两个 TDOA 决定的双曲线的交点上。

TDOA 算法是对 TOA 算法的改进，其不是直接利用信号到达时间，而是用多个基站接收到信号的时间差来确定位置。与 TOA 算法相比，TDOA 算法不需要加入专门的时间差，定位精度也有所提高。

3.3.4 AOA 定位

AOA(Angle of Arrival，基于信号到达角度)定位是基于信号到达角度的定位算法，是一种典型的基于测距的定位算法，通过某些硬件设备感知发射节点信号的到达方向，计算接收节点和锚节点之间的相对方位或角度，利用三角测量法或其他方式计算出未知节点的位置。AOA 定位算法是一种常见的无线传感器网络节点自定位算法，算法通信开销低，定位精度较高。

AOA 也是一种在蜂窝网中常用的定位技术。这种技术需要在基站采用专门的天线阵列来测量特定信号的来源方向。对于一个基站来说，AOA 测量可以得出特定移动站所在方向。当两个基站同时测量同一移动站发出的信号时，两个基站各自测量 AOA 所得的方向直线的交点就是移动站所在的位置。AOA 定位原理如图 3.8 所示。

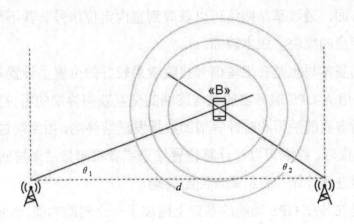

图 3.8　AOA 定位原理

尽管 AOA 定位原理非常简单，但其在实际应用中存在一些难以克服的缺点。首先，AOA 定位要求被测量的移动站与测量的所有基站之间的射频信号是视线传输 LOS(Line of Sight，LOS)的，非视线传输(Non Line of Sight，NLOS)将会给定位带来不可预测的误差。即使是在以 LOS 传输为主的情况下，射频信号的多径效应依然会干扰 AOA 的测量。其次，由于天线设备角分辨率的限制，AOA 的测量精度随着基站与移动站之间的距离的增加而不断减小。

基于 AOA 定位方法的上述特点，对于处于城市地区的微小区来说，引起射频信号反射的障碍物多且其到移动站的距离与小区半径相差不多，这样就会引起比较大的角测量误差。在这种情况下，基于 AOA 的定位方法没有实际意义。对于宏小区，因为其基站一般处于比较高的位置，与小区的半径相比，引起射频信号反射的障碍物多位于移动站附近，NLOS 传输引起的角测量误差比较小。所以，测量信号到达角度的定位方法多用于宏小区，或者与其他定位技术混合使用来提高定位精度。

3.3.5　A-GPS 定位

A-GPS(Assisted GPS，网络辅助 GPS)定位是一种结合网络基站信息和 GPS

信息对手机进行定位的技术，该技术需要在手机内增加 GPS 接收机模块，并改造手机天线，同时要在移动网络上加建位置服务器、差分 GPS 基准站等设备。这种定位方法一方面通过 GPS 信号的获取提高了定位的精度，误差可到 10 m 左右；另一方面，通过基站网络可以获取到室内定位信号。其不足之处就是手机需要增加相应的模块，成本较高。

A-GPS 的基本思想是在卫星信号接收效果较好的位置上设置若干参考 GPS 接收机，并利用 A-GPS 服务器通过与终端的交互获得终端的粗位置，通过移动网络将该终端需要的星历和时钟等辅助数据发送给终端，由终端进行 GPS 定位测量。测量结束后，终端可自行计算位置结果或者将测量结果发回到 A-GPS 服务器，服务器进行计算并将结果发回给终端。

A-GPS 是在传统 GPS 功能的基础上附加了一个辅助功能，该辅助功能用来弥补传统 GPS 首次定位等待时间太长的缺点，实际上就是在 GPS 没有搜索到卫星信号之前，先在网上下载一个卫星信息，然后把该信息告诉 GPS，GPS 就可以据此直接找到卫星。

虽然 A-GPS 技术的定位精度很高，首次捕获 GPS 信号时间短，但是该技术也存在一些缺点。首先，室内定位问题目前仍然无法彻底解决；其次，A-GPS 的定位实现必须通过多次网络传输，占用了大量的网络资源。除此之外，由于 GPS 系统由美国政府拥有和控制，因此在非常时期民用 GPS 服务可能会受到影响。

本 章 小 结

本章主要介绍了定位的基础知识，以及卫星定位和蜂窝移动定位的基础知识和基本原理。通过对卫星定位原理的分析，介绍了目前全球四大卫星定位系统的功能与组成。本章对目前应用较广的移动无线定位技术原理进行了介绍，无线定位经过多年的发展，目前已经比较成熟和完善，不同的定位技术各有特点，日常生活中的定位方法的误差从几米到几十米，可以满足人们日常工作和生活需要。

第 4 章　RFID 系统

4.1　RFID 系统概述

　　RFID 又称电子标签、无线射频识别、感应式电子晶片、近接卡、感应卡、非接触卡、电子条形码等，其通过射频信号自动识别目标对象并获取相关数据，识别工作无须人工干预，可工作于各种恶劣环境。由于 RFID 承载的是电子式信息，其数据内容可由密码保护，内容不易被伪造及变造，因此其在现代社会中应用广泛。

　　RFID 是利用无线电频率信号，通过空间交变磁场或电磁场的耦合实现无接触信息传递，对带有信息数据的载体进行读写，并自动输入计算机，对所传递的信息进行识别的一种自动识别技术。

　　RFID 技术在人们的工作、生活中应用广泛，如第二代身份证、门禁卡、公交卡等。该技术可识别高速运动物体并可同时识别多个标签，操作快捷方便。RFID 是集标签(Tag)、阅读器(Reader)、天线(Antenna)于一身的微型器件，是物联网工程中的核心技术。

4.2　RFID 系统的组成及工作原理

4.2.1　RFID 系统的组成

　　完整的 RFID 系统由电子标签、阅读器和计算机系统(Computer & AP)构成，如图 4.1 所示。其工作原理是阅读器发射一个特定频率的无线电波信号，通过天线发送给电子标签，电子标签进入 RFID 系统后，接收到阅读器发出的信号，凭借感应电流获得的能量发送存储在芯片中的产品信息(对于无源标签或被动标签)，或者主动发送某一频率的信号(对于有源标签或主动标签)，阅读器读取信息并解码后，送至计算机系统进行数据处理。

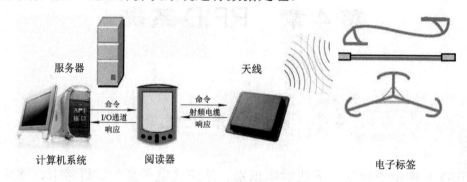

图 4.1　完整的 RFID 系统

1. 阅读器

阅读器又称读写器，是用来读取(有时还可以写入)电子标签信息的设备，通常配有天线装置，如图 4.2 所示。阅读器一般由射频信号发射单元、高频接收单元和控制单元组成，另外还有附加的接口(RS-232、USB)。上层管理系统与 RFID 系统中的读写器进行交互，同时管理 RFID 系统中的数据，并根据应用需求实现不同的功能或提供相应的接口。

(a) 固定式阅读器　　　　(b) 手持式阅读器

图 4.2　RFID 阅读器外形

RFID 系统在工作时，一般先由阅读器发射一个特定的询问信号，当电子标签感应到该信号后给出应答信号。阅读器接收到应答信号后对其处理，然后将处理后的信息返回给外部主机。

阅读器是利用射频信号从待识别目标读取或向目标写入信息的设备，其主要任务是控制射频模块向标签发射读取信号，并接收标签的应答，对标签的对象标识信息进行解码，将对象标识信息连带标签上其他相关信息传输到主机以供处理。

阅读器可以是读或读/写装置，是 RFID 系统信息控制和处理中心。

2. 电子标签

电子标签又称为应答器，是 RFID 系统的信息载体，目前电子标签大多是由耦合原件(线圈、微带天线等)和微芯片组成的无源单元，如图 4.3 所示。每个标签都有一个全球唯一的 ID 号码——UID，UID 是在制作芯片时放在 ROM(Read-Only Memory，只读存储器)中的，无法修改。电子标签内部存储着物品的各类信息，一般安装在要识别的物品上，其内部信息可以由阅读器通过射频信号的无线传输进行读取和写入。目前常见的电子标签外形如图 4.4 所示。

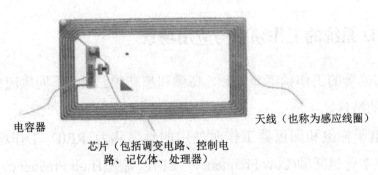

图 4.3　电子标签内部结构

(a) 接触式卡片

(b) 非接触式卡片

图 4.4　电子标签外形

根据供电方式的不同，电子标签可以分为无源标签和有源标签。RFID 系统中的阅读器和电子标签均配备天线。天线用于产生磁通量，而磁通量用于向无源标签提供能量并在阅读器和电子标签之间传送信息。

阅读器和电子标签之间一般采用半双工通信方式进行信息交换，同时阅读器通过耦合给无源标签提供能量和时序。在实际应用中，可进一步通过 Ethernet 或无线局域网(Wireless Local Area Network，WLAN)等实现对物体识别信息的采集、处理及远程传送等管理功能。

3. 中间件

中间件包括阅读器接口、处理模块和应用程序接口三部分。阅读器接口包括前端和相关硬件的沟通接口；处理模块包括系统与数据标准处理模块；应用程序接口包括后端与其他应用软件的沟通接口及使用者自定义的功能模块。计算机端的应用程序管理 RFID 系统中的多个阅读器，通常它可以通过一定的接口向阅读器发送命令并接收阅读器返回的数据。在实际应用中，计算机端的应用系统还包含数据库，数据库用于存储和管理 RFID 系统中的数据。同时，根据不同的应用需求，中间件提供不同的功能或相应接口。中间件位于操作系统和应用系统之间，可为应用系统的开发提供最大的方便和灵活性。

4.2.2　RFID 系统的工作频率与应用场景

RFID 阅读器的工作频率有低频、高频和超高频三种，不同频段的 RFID 阅读器有不同的特性。

RFID 电子标签和阅读器工作时使用的频率称为 RFID 工作频率。目前 RFID 工作频率跨越低频(Low Frequency，LF)、高频(High Frequency，HF)、超高频(Ultra High Frequency，UHF)、微波(Microwave，MW)等多个频段，相对应的代表性频率分别为 135 kHz 以下(读写距离较短，为 1 m 左右)、13.56 MHz(读写距离为 10 m 左右)、860～930 MHz(用于远距离识别和快速移动的物体)、2.45 GHz 与 5.8 GHz，如图 4.5 所示。

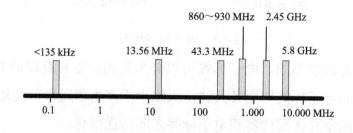

图 4.5　RFID 的工作频率

遵循国际电信联盟的规范,目前 RFID 使用的频率有六种,分别为 135 kHz、13.56 MHz、43.3～92 MHz、860～930 MHz、2.45 GHz 以及 5.8 GHz。

1. 低频电子标签

低频电子标签的一般工作频率为 120～134 kHz,典型工作频率为 125 kHz 和 134 kHz。其一般为无源标签,工作原理主要是通过电感耦合方式与阅读器进行通信,阅读距离一般小于 1 m。与低频电子标签相关的国际标准有 ISO 11784/11785 和 ISO 18000-2。低频电子标签的芯片一般采用 CMOS(Complementary Metal Oxide Semiconductor,互补金属氧化物半导体)工艺,具有省电、廉价的特点,工作频段不受无线电频率管制约束,可以穿透水、有机物和木材等,适合近距离、低速、数据量较少的应用场景。

低频电子标签的主要应用场景包括畜牧业动物的管理系统、汽车防盗和无钥匙开门系统、马拉松赛跑系统、自动停车场收费和车辆管理系统、自动加油系统、酒店门锁系统、门禁和安全管理系统等。

2. 中高频电子标签

中高频电子标签的典型工作频率为 13.56 MHz,其工作方式同低频电子标签一样,也采用电感耦合方式。中高频电子标签一般做成卡片状,用于电子车票、电子身份证等。其相关的国际标准有 ISO 14443、ISO 15693、ISO 18000-3 等,适用于较高的数据传输率。

该频率的读卡器不再需要线圈进行绕制,可以通过蚀刻印刷方式制作天线。读卡器一般通过负载调制的方式进行工作,即通过读卡器上的负载电阻的接通和断开促使读写器天线上的电压发生变化,实现用远距离读卡器对天线电压进行振幅调制。

中高频电子标签的主要特性:工作频率为 13.56 MHz,波长为 22 cm。除了金属材料外,该频率的波长可以穿过大多数材料,材料不同,读取距离也不同。读卡器天线通常需要与金属材料保持一定的距离。该频率的磁场在不同的区域变化较大,但是能够产生相对均匀的读写区域。该系统具有防冲撞特性,可以同时读取多个电子标签,并把某些数据信息写入标签中。该频段的数据传输速率比低频要快,价格适中。

中高频电子标签的主要应用场景包括图书档案管理系统、瓦斯钢瓶管理、服装生产线和物流系统、三表预收费系统、酒店门锁的管理、大型会议人员通道系统、物流与供应链管理解决方案、医药物流与供应链管理、智能货架管理等。

3. 超高频电子标签

超高频电子标签的工作频率为 860～960 MHz，通过电场来传输能量。该频段的读取距离比较远，无源可达 10 m 左右。超高频电子标签是通过电容耦合的方式进行工作的。

超高频电子标签的主要特性：全球在该频段的定义不一致，如欧洲和部分亚洲国家定义的频段为 868 MHz，北美定义的频段为 902～928 MHz，日本建议的频段为 950～956 MHz。该频段的波长为 30 cm 左右，不能穿过很多材料，特别是水和金属，灰尘和雾霾等悬浮颗粒对其也有影响。相对于高频电子标签来说，超高频电子标签不需要和金属保持距离，该频段有较好的读取距离，有很高的数据传输速率，在短时间内可以读取大量电子标签。

超高频电子标签的主要应用场景：物流与供应链管理解决方案、生产线自动化管理、航空包裹管理、集装箱管理、铁路包裹管理、后勤管理等。

4.3　RFID 系统的识别与定位原理

4.3.1　RFID 系统的工作原理

RFID 阅读器及电子标签之间的通信及能量感应方式可以分为电感耦合方式和反向散射耦合方式两种。电感耦合方式通过空间高频交变磁场实现耦合，依据的是电磁感应定律；而反向散射耦合方式则利用雷达中发射的电磁波遇到目标后反射而携带回目标信息实现信息传递。一般低频的 RFID 大都采用电感耦合方式，而较高频 RFID 大多采用反向散射耦合方式。

电感耦合方式的电路如图 4.6 所示，无源电子标签一般选择这种方式。图 4.6 中，V_S 是射频振荡器，即射频辐射源。阅读器的天线就是电感 L_1，电感 L_1 和电容 C_1 组成的谐振电路谐振于 V_S 的工作频率上，此时电感线圈中的电流 i

最大，高频电流 i 产生的磁场 H 穿过线圈，并有一部分磁力线穿过电子标签的电感线圈 L_2，通过感应在 L_2 上产生电压 V_2，将 V_2 整流给大电容 C_3 充电，即可产生电子标签工作所需的直流电压。

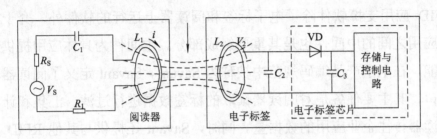

图 4.6　电感耦合方式的电路

电感线圈 L_1 和 L_2 也可视为变压器的初级、次级线圈，但它们之间的耦合很弱，主要用于小电流电路。电感耦合方式一般适合于中、低频工作的近距离射频识别系统，识别作用距离小于 1 m。

雷达原理为反向散射耦合方式提供了理论依据。在雷达系统中，发射的电磁波在空中遇到物体时，其能量的一部分被目标吸收，另一部分散射到各个方向。在散射的能量中又有一小部分被发射的天线接收，通过对接收的回波信号进行分析，就可以得到有关反射目标的有关信息。目标反射电磁波的效率通常随频率的升高而增强，所以反向散射耦合方式一般适合于特高频、超高频和微波工作频段，阅读器和电子标签的距离大于 1 m 的远距离射频识别系统。图 4.7 给出了反向散射耦合方式的电路。

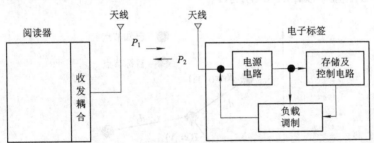

图 4.7　反向散射耦合方式的电路

不管是哪种耦合方式，空中的无线传输都是通过天线的发送和接收完成的。在发送时，天线向空中介质辐射电磁能量 P_1；而接收时，天线从周围介质中检测出电磁波，获取能量 P_2。因此，天线产生的信号的方向性是关键属性。一般来说，低频段信号是全方向性的，能量向四面八方辐射；而在高频段只有聚焦成为有方向性的波束才能有效传播，因此高频天线的设计是 RFID系统的关键技术。

　　RFID 应用支撑软件除了电子标签和阅读器上运行的软件外，介于阅读器与具体应用之间的中间件也是其重要组成部分。中间件为具体应用提供一系列计算功能，在电子产品编码规范中被称为 Savant。Savant 定义了阅读器和应用两个接口，其主要任务是对阅读器读取的标签数据进行过滤、汇集和计算，减少从阅读器传往企业应用的数据量。同时，Savant 还提供与其他 RFID 支撑系统进行互操作的功能。

4.3.2　RFID 系统的定位原理

1. 多边测距法定位

　　RFID 阅读器以非接触方式读取电子标签中存储的对象信息，在该过程中，阅读器还会获得接收信号的强度等信息。多边测距法定位的基本原理是：基于多个固定的阅读器读取目标 RFID 标签的特征信息(如身份 ID、接收信号强度等)，采用多边测距法确定该标签的位置。

　　利用三个或三个以上固定部署的阅读器读取目标标签的信息，记录每个阅读器接收信号的强度，可以得到各个阅读器和目标标签的距离，从而容易计算出标签的所在位置，如图 4.8 所示。

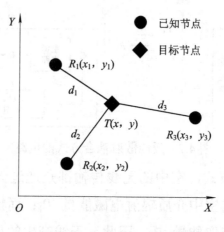

图 4.8　多边测距法定位

2. 近邻法定位

近邻法定位是在室内的多个固定位置分别部署阅读器和参考标签，通过比对参考标签和目标标签的接收信号强度来推算目标标签的位置。这种方法的定位效果比较依赖标签摆放的位置和方向，一般标签都需要按照同方向摆放。

3. 信号强度法定位

信号强度法定位是一个相对粗糙的定位技术，其方法类似于 WiFi 定位技术。在已知阅读器位置的情况下，能收到信号的标签必然处于相应阅读器的有限感知范围内，根据收到的信号强度可以完成对标签的粗略定位，如图 4.9 所示。

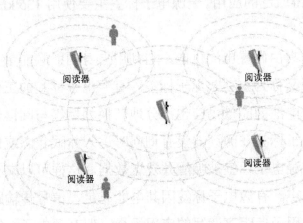

图 4.9　信号强度法定位

大量基于 RFID 定位技术的成熟商用方案可以应用于救援救灾、资产管理、目标追踪等领域。根据使用的技术手段或定位算法不同，其精度有所不同，理论上可达到厘米级。

4.4　RFID 系统的分类及应用

RFID 电子标签和阅读器的工作频率不仅取决于 RFID 系统的工作原理，即通过电感耦合还是电磁耦合，还取决于电子标签和阅读器技术实现的难易程度和成本。因此，应该根据具体使用场合选择相应的工作频率。

1. RFID 分类

RFID 按照能源的供给方式分为无源电子标签、有源电子标签、半无源电子标签三种。

无源电子标签本身不带电池，需要外界提供能量才能工作，即其发射电波及内部处理器所需要的能量均来自阅读器，阅读器在发出电磁波的同时，将部分电磁能量转化为供电子标签工作的能量，所以无源电子标签又称为被动式电子标签。无源电子标签产生电能的装置是天线和线圈，只有当天线和线圈进入 RFID 阅读器的工作区域时，天线才能接收到特定的电磁波，线圈才会产生感应电流，经过整流和稳压后作为电子标签的工作电压。因此，无源电子标签电能较弱，数据传输距离和信号强度受到限制。但由于无源电子标签结构简单、经济实用，因此也获得广泛的应用。无源电子标签主要使用 135 kHz、13.56 MHz 这两种频率。

有源电子标签通常由内置电池供电，它利用自身的射频能量主动向阅读器发送数据信号，因而又称为主动式电子标签。有源电子标签的工作电源完全由内部电池供给，同时电池的能量供应也部分地转换为标签与阅读器通信所需的射频能量。主动式电子标签在阅读器没有询问时进入休眠状态或低功耗状态；当阅读器询问时，有源电子标签被唤醒并发送数据。这样可以减少电池消耗，也可减少电磁辐射噪声。有源电子标签因其电能充足，信号传输距离较远，一般在 30 m 以上，适用于远距离读写的应用场合。但有源电子标签成本较高，且随着标签内电池的消耗，数据传输距离变短，可能会影响系统的工作。

半无源电子标签内装有电池，但电池仅对标签内要求供电维持数据的电路或标签芯片工作所需的电压提供辅助支持，标签电路本身耗电很少。半无源电子标签未进入工作状态时一直处于休眠状态，相当于无源电子标签；当其进入阅读器的阅读范围时，受到阅读器发出的射频能量的激励，进入工作状态，用于传输通信的射频能量与无源电子标签一样源自阅读器。

RFID 电子标签常见的工作频率分布在无线电频谱的低频、高频、特高频以及超高频段，频率设定范围和 RFID 电子标签应用的专业领域有关。低频 RFID(125～134.2 kHz)主要用于畜牧管理等，高频 RFID(13.56 MHz)主要用于身份证、考勤卡、校园卡等，特高频 RFID(860～928 MHz)主要用于铁路、物流等，微波频段 RFID(2.45～5.8 GHz)主要用于跟踪定位、高速公路收费等。

按照供电方式、载波频率、调制方式、作用距离、芯片类别的不同，可以对 RFID 电子标签从不同角度进行分类，如表 4.1 所示。

表 4.1　RFID 电子标签的分类

分类依据	类　别	应　用　场　合
供电方式	无源电子标签	没有电池，主要利用波束供电技术将接收到的射频能量转化为直流电实现标签供电，工作距离相对较短，但寿命长，对工作环境要求不高
	有源电子标签	有电源供电，作用距离远，但标签体积较大，成本较高，寿命有限，不适合在恶劣环境下工作
载波频率	低频电子标签	频率主要包括 125 kHz 和 134 kHz 两种，主要用于短距离、低成本的应用，如门禁控制、校园卡、货物跟踪等
	中频电子标签	频率主要为 13.56 MHz，主要用于门禁控制和需传送大量数据的应用系统
	高频电子标签	频率包括 433 MHz、915 MHz、2.45 GHz、5.8 GHz 等，可应用于需要较长的读写距离和较高读写速度的场合，在火车监控、高速公路收费等系统中有广泛应用，价格相对较高
调制方式	主动式电子标签	用自身的射频能量主动将数据发送给阅读器。射频标签发射的信号仅穿过障碍物一次，主要用于有障碍物的应用，传送距离可达 30 m
	被动式电子标签	利用阅读器的载波调制自己的信号，采用调制散射方式发送信息给阅读器。由于阅读器可以确保只激活一定范围之内的射频卡，因此被动式电子标签主要适用于门禁或交通等读写距离较近的应用
作用距离	密耦合电子标签	作用距离最小，一般小于 1 cm
	近耦合电子标签	作用距离一般小于 15 cm
	疏耦合电子标签	作用距离约 1 m
	远距离电子标签	作用距离可为 1～10 m，甚至更远
芯片类别	只读电子标签	只读不写，在产品生产时就将信息存储进去，不能再做更改，价格比读写电子标签便宜，适用于普通商品
	读写电子标签	有读写功能，可以在现有信息的基础上对信息进行改动，比只读电子标签贵很多，适用于价值比较高的商品
	CPU 电子标签	内置微控制器，可编程

　　RFID 技术已经被广泛应用于各类产品和解决方案，典型应用有动物晶片、汽车晶片防盗器、门禁管制、停车场管制、生产线自动化、物料管理等。RFID 的蓬勃发展需要标准化工作的支持。目前，国际上有影响力的 RFID 标准化体系制定方主要有三个，分别为 ISO/IEC、EPC Global 和 UID。在各方组织的带领下，逐渐形成了 RFID 三大体系。

2. ISO/IEC 的 RFID 体系

　　国际电工委员会(International Electrotechnical Commission，IEC)成立于 1906

年，作为国际性电工标准化机构，其负责电气工程和电子工程领域中的国际标准化工作。国际标准化组织(International Organization for Standardization，ISO)是世界上最大的非政府性标准化专门机构，与 IEC 有密切联系，作为一个整体担负着制定全球协商一致的国际标准的任务。RFID 领域的 ISO 标准由 ISO 主导或联合 IEC 共同制定，包括 RFID 通用技术标准与 RFID 应用技术标准两部分。

1) RFID 通用技术标准

RFID 通用技术标准主要针对不同应用领域中涉及的共同要求和属性，如表 4.2 所示。

表 4.2　RFID 通用技术标准

RFID 通用技术标准分项	内 涵 表 述	涉及标准
数据内容标准	规定数据在标签、阅读器到主机(中间件或应用程序)各个环节的表现形式	ISO/IEC 15961 ISO/IEC 15962 ISO/IEC 24753 ISO/IEC 15963
空中接口通信协议	规范阅读器和电子标签之间的信息交互，确保不同厂家生产设备之间的互联互通。其包括一组协议，分别规范了参考结构和标准化参数定义、中频段 125～134 kHz、高频段 13.56 MHz、微波频段 2.45GHz、超高频段 860～960 MHz 以及超高频段 433.92 MHz 的相应协议	ISO/IEC 18000-1 ISO/IEC 18000-2 ISO/IEC 18000-3 ISO/IEC 18000-4 ISO/IEC 18000-6 ISO/IEC 18000-7
测试标准	规范设备(电子标签、阅读器)的性能测试方法，包括性能参数和检测方法；规范设备(电子标签、阅读器)的一致性测试方法，包括不同厂商设备实现互联互通互操作必需的技术内容	ISO/IEC 18046 ISO/IEC 18047
实时定位系统(Real Time Location System，RTLS)	可以改善供应链透明性，RFID 短距离定位、GPS 定位、手机定位与无线通信技术共同实现物品位置的全程跟踪监视，需要制定和实时定位系统有关的标准	ISO/IEC 24730-1 ISO/IEC 24730-2 ISO/IEC 24730-3
软件系统基本架构	提供 RFID 应用系统的框架，规范数据安全和多种接口，便于 RFID 系统之间的信息共享，从而令应用程序不再关心不同类型设备之间的差异，方便应用程序的设计和开发	ISO/IEC 24791-1 ISO/IEC 24791-2 ISO/IEC 24791-3 ISO/IEC 24791-4 ISO/IEC 24791-5 ISO/IEC 24791-6

2) RFID 应用技术标准

RFID 应用技术标准是在通用技术标准的基础上，根据各个行业自身特点制定的，主要针对行业应用领域涉及的共同要求和属性，如表 4.3 所示。

表 4.3　RFID 应用技术标准

RFID 应用技术 标准分项	内　涵　表　述	涉及标准
货运集装箱 系列标准	与 RFID 相关的集装箱标准包括集装箱标识系统(包括集装箱尺寸、类型等数据的编码系统，相应标记方法，操作标记和集装箱标记的物理展示)、基于微波应答器的集装箱自动识别标准以及集装箱电子密封标准	ISO 6346 ISO 10374 ISO 18185
物流供应链 系列标准	与 RFID 相关的物流供应链系列标准，包括应用要求、货运集装箱、装载单元、运输单元、产品包装、单品五级物流单元共六个应用标准	ISO 17358 ISO 17363 ISO 17364 ISO 17365 ISO 17366 ISO 17367
动物管理 系列标准	与 RFID 相关的动物管理标准，规范了编码结构、技术准则、高级标签共三个应用标准	ISO 11784 ISO 11785 ISO 14223

RFID 通用技术标准提供了一个基本框架，RFID 应用技术标准是对 RFID 通用技术标准的补充和具体规定。这样的标准制定思想既保证了 RFID 技术具有互通与互操作性，又兼顾了应用领域的特点，从而满足应用领域的应用要求。

4.5　RFID 系统的安全性

从安全性考虑，一个完善的 RFID 系统应该具有保密性、真实性、完整性和可用性，要求如下。

1. 保密性

RFID 电子标签中包含许多生产者和消费者的信息和隐私，这些数据一旦被攻击者取得，商业各方的隐私权将无法得到保障。因此，电子标签不能向未授权阅读器泄露任何敏感信息。

2. 真实性

在 RFID 系统的许多应用中，电子标签的身份认证是非常重要的。因为不法者可以伪造电子标签，也可以通过某种方法隐藏电子标签，使阅读器无法识别真电子标签，从而实施物品转移或使电子标签失去作用。

3. 完整性

在 RFID 的通信、传输过程中，通常使用消息认证来进行数据完整性的检验。数据的完整性能够保证接收者得到的信息在传输过程中没有被攻击者替换或篡改，也不能因故障自行丢失信息。

4. 可用性

一个合理的 RFID 方案，其安全协议和算法的设计不应过于复杂，应尽可能减少用户密钥计算开销。它所提供的各种服务能被授权者方便使用，能有效防止非法者攻击，且能尽量减少能耗。

在 RFID 系统设计中必须注意以下安全风险：

(1) 自身的访问缺陷。成本低廉的电子标签很难具备保证安全的能力，非法用户可以用合法的阅读器与电子标签进行通信，容易获取电子标签内的所有数据。

(2) 通信链路的安全。与有线连接不同的是，RFID 的数据通信是无线链路，无线传输的信号是开放的，这就给非法用户带来了侦听的可能，即通信侵入。

(3) 阅读器内部风险。RFID 遇到的安全问题要比通常计算机网络的安全问题更为复杂。因为在其阅读器中除了中间件完成数据的传输选择、时间过滤和管理外，它只能提供用户业务接口，而不能提供让用户自行提升安全性能的接口。

为了预防以上风险，应当加强访问控制、电子标签控制和消息加密。

本 章 小 结

本章介绍了无线 RFID 技术的概念，RFID 阅读器和电子标签的基本原理、基本组成以及各种结构形式，并对 RFID 的分类特点和应用场景进行了介绍。RFID 系统应用广泛，是物联网基础的识别技术之一，本章只是对其基础进行了介绍，有兴趣的读者可以在此基础上深入学习。

第 5 章　现代通信技术基础

5.1　现代通信技术概述

5.1.1　通信技术的产生与发展

通信就是人与人相互交流沟通的方式或者方法。无论是电话还是网络，其解决的最基本的问题就是人与人之间的沟通。从这个意义上来说，通信在远古时代就已存在，人与人之间的对话是通信，用手势表达情绪也是通信，用烽火传递战事情况是通信，用快马与驿站传送文件也是通信。

现代通信一般是指电信，国际上称其为远程通信。随着科技的不断发展，采用最新的技术不断优化通信方式，让人与人的沟通变得更为便捷高效。通信技术和通信产业是 20 世纪 80 年代以来发展非常快的领域之一，是人类进入信息社会的重要标志之一。

1. 通信技术的发展阶段

第一阶段是语言和文字通信阶段。在这一阶段，通信方式简单，内容单一。

第二阶段是电通信阶段。1837 年，莫尔斯发明电报机，并设计了莫尔斯电报码。1876 年，贝尔发明电话机。这样，利用电磁波不仅可以传输文字，还可以传输语音，由此大大加快了通信的发展进程。1895 年，马可尼发明无线电设备，从而开始了无线电通信发展的道路。

第三阶段是电子信息通信阶段。从总体上看，通信技术实际上就是通信系统和通信网的技术。通信系统是指点对点通信所需的全部设施，而通信网是由许多通信系统组成的多点之间能相互通信的全部设施。

2. 现代通信技术

现代通信技术有数字通信技术、程控交换技术、信息传输技术等。

1) 数字通信技术

数字通信技术即传输数字信号的通信，通过信源发出的模拟信号经过数字终端的信源编码成为数字信号，终端发出的数字信号经过信道编码变成适合于信道传输的数字信号，由调制解调器把信号调制到系统所使用的数字信道上并传输到另一端，经过相反的变换最终传送到信宿。

数字通信技术以其抗干扰能力强，便于存储、处理和交换等特点，已经成为现代通信网中的最主要的通信技术基础，广泛应用于现代通信网的各种通信系统。

2) 程控交换技术

程控交换技术是指人们用专门的电子计算机根据需要把预先编好的程序存入计算机后完成通信中的各种交换。程控交换技术最初由电话交换技术发展而来，由当初电话交换的人工转接、自动转接、电子转接、程控转接技术，发展到后来的数字交换技术，该技术不仅用于电话交换，还能实现传真数据、图像数据通信等交换。程控数字交换机处理速度快，体积小，容量大，灵活性强，服务功能多，便于改变交换机功能和建设智能网，可向用户提供更多、更方便的电话服务。随着电信业务从以话音为主向以数据为主转移，交换技术也相应地从传统的电路交换技术逐步转向基于分组的数据交换和宽带交换，以适应下一代网络的业务特点。

3) 信息传输技术

信息传输技术主要包括光纤通信、数字微波通信、卫星通信、移动通信等。

(1) 光纤通信是以光波为载频，以光导纤维为传输介质的一种通信方式，其主要特点是频带宽，比常用微波频率高，损耗低，中继距离长，具有抗电磁干扰能力、线径细、质量小、耐腐蚀、耐高温等优点。

(2) 数字微波通信是指利用波长为 1 mm～1 m 的电磁波通过中继站传输信号的通信方式。其主要特点为信号可以"再生"，便于数字程控交换机的连接，便于采用大规模集成电路，保密性好，数字微波系统占用频带较宽。因此，虽然数字微波通信只有 20 多年的历史，却与光纤通信、卫星通信一起被国际公认为最有发展前途的三大传输手段。

(3) 卫星通信是利用地球卫星作中继站而进行的通信。其主要特点是通信距离远，投资费用和通信距离无关，工作频带宽，通信容量大，适用于多种业务的传输；通信线路稳定可靠，通信质量高。

(4) 早期的通信形式属于固定点之间的通信，随着人类社会的发展，信息传递日益频繁，移动通信因其具有信息交流灵活、经济效益明显等优势得到了迅速发展。移动通信就是在运动中实现的通信，其最大的优点是可以在移动时进行通信，方便、灵活。移动通信系统主要有数字移动通信系统(Global System for Mobile Communications，GSM)和码多分址蜂窝移动通信系统(Code Division Multiple Access，CDMA)。

在通信领域，信息一般可以分为话音、数据和图像三大类型。数据是具有某种含义的数字信号的组合，如字母、数字和符号等，传输时这些字母、数字和符号用离散的数字信号逐一表达出来。数据通信就是将这样的数据信号夹到数据传输信道上传输，到达接收地点后再正确地恢复出原始发送的数据信息的一种通信方式。其主要特点是人—机或机—机通信，计算机直接参与；传输的准确性和可靠性要求高；传输速率高；通信持续时间差异大等。而数据通信网是一个由分布在各地的数据终端设备、数据交换设备和数据传输链路构成的网络，在通信协议的支持下完成数据终端之间的数据传输与数据交换。

数据网是计算机技术与近代通信技术发展相结合的产物，其将信息采集、传送、存储及处理融为一体，并朝着更高级的综合体发展。纵观通信技术的发展，虽然其只有短短一百多年的历史，却发生了翻天覆地的变化，由当初的人工转接到后来的电路转接、程控交换、分组交换，还有可以作为未来分组化核心网用的 ATM 交换机、IP 路由器；由单一的固定电话到卫星电话、移动电话、IP 电话等，目前第四代通信技术已经广泛应用。随着通信技术的发展，人类社会已经逐渐步入信息化社会。

5.1.2　短距离通信介绍

远距离通信技术已经逐渐成熟，广泛应用在工业、农业、国防等领域内。物联网主要解决的是近距离的数据通信问题。在物联网中比较常用的无线短距离通信技术主要有华为 HiLink 协议、WiFi/IEEE 802.11 协议、Mesh/IEEE 802.11s 协议、蓝牙/IEEE 802.15.1 协议、ZigBee/IEEE 802.15.4 协议、Thread/IEEE 802.15.4 协议、Z-Wave、NFC(Near Field Communication，近场通信)、UWB(Ultra Wide Band，超宽带)、LiFi(Light Fidelity，光保真)等。

1. 华为 HiLink 协议

2015 年 12 月，华为推出自主研发的智能家居"三件套"——HiLink 协议、Huawei-LiteOS 系统以及 IOT 芯片。Hilink 协议被誉为智能设备之间的"普通话"，它能够自动发现设备并一键连接，同时兼容 ZigBee、WiFi 以及蓝牙等协议。华为 HiLink 协议不依赖于 Huawei-LiteOS，OS 不依赖于芯片。但采用该技术方案最主要的是使用华为 HiLink 协议，这也是实现智能家居生态系统最关键的一个环节，只有遵守统一的协议才能实现不同硬件设备之间的互联互通。华为 HiLink 协议标识如图 5.1 所示。

图 5.1　华为 Hilink 协议标识

2. WiFi/IEEE 802.11 协议

WiFi(Wireless-Fidelity，无线保真)是 WLAN 中的一个标准，其从 1999 年推出以来一直是较常用的访问互联网的方式之一。通常 WiFi 技术使用 2.4 GHz 和 5 GHz 频段，通过有线网络外接一个无线路由器，就可以把有线信号转换成 WiFi 信号。WiFi 标准有 802.11a、802.11b、802.11g、802.11n 等。WiFi 标识如图 5.2 所示。

图 5.2　WiFi 标识

2016 年 WiFi 联盟公布了 802.11ah WiFi 标准——WiFi HaLow，使得 WiFi 可以被运用到更多地方。HaLow 采用 900 MHz 频段，低于当前 WiFi 的 2.4 GHz 和 5 GHz 频段，功耗更低，同时覆盖范围可以达到 1 km，信号更强，且不容易被干扰。这些特点使得 WiFi 更加顺应了物联网时代的发展。其优点是覆盖范围广，数据传输速率快；缺点是传输安全性不好，稳定性差，功耗略高，组网能力差。

3. Mesh/IEEE 802.11s 协议

无线 Mesh 网络被称为廉价 Last Mile 宽带接入方案，它利用多跳无线网状结构为移动用户提供宽带接入。Mesh 是 WLAN 与移动 Ad Hoc(点对点)网络的结合。与 WLAN 相比，其各网络终端之间可以对等地进行直接通信，不再需要经过无线 AP(Wireless Access Point，无线访问接入点)转发，且覆盖范围更大。与 Ad Hoc 相比，Mesh 由于具有固定和电源充足的主干路由器，由此在移动性和功耗上可不用考虑太多。

Mesh 网络结构如图 5.3 所示。Mesh 网络的优点是网络部署快，无须复杂配置；网络稳定，任意节点损坏都不会影响其他设备数据传输；网络覆盖范围大，可以和多种宽带无线接入技术(如 WLAN、WiMAX、UWB、4G/5G 等)相结合，组成更大的多跳网状结构。Mesh 网络的缺点是具有一定的延迟性，不适于实时监控的应用领域，网络容量有限。

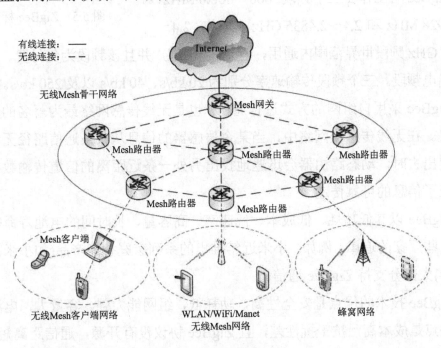

图 5.3　Mesh 网络结构

4. 蓝牙/IEEE 802.15.1 协议

蓝牙技术最早始于 1994 年，由瑞典爱立信公司研发。蓝牙采用调频技术(Frequency Hopping Spread Spectrum)，通信频段为 2.402～2.480 GHz。截至目前，蓝牙已经更新了十多个版本，分别为蓝牙 1.0、1.1、1.2、2.0、2.1、3.0、4.0、4.1、4.2、5.0、5.1、5.2，通信半径从几米延伸到几百米。

蓝牙技术被广泛地使用在手机、PDA(Personal Digital Assistant，个人数字助理)等移动设备，PC、GPS 设备以及大量的无线外围设备(蓝牙耳机、蓝牙键盘等)中。蓝牙标识如图 5.4 所示。

图 5.4　蓝牙标识

5. ZigBee/IEEE 802.15.4 协议

ZigBee 于 2003 年被正式提出，它的出现弥补了蓝牙技术的复杂度高、功耗大、距离近、组网规模小等缺点。ZigBee 标识如图 5.5 所示。

ZigBee 可工作在三个频段: 868～868.6 MHz、902～928 MHz 和 2.4～2.4835 GHz。其中，2.4～

图 5.5　ZigBee 标识

2.4835 GHz 频段世界范围内通用，有 16 个信道，并且该频段为免付费、免申请的无线电频段。三个频段传输速率分别为 20 kb/s、40 kb/s 以及 250 kb/s。

ZigBee 采用自组网的方式进行通信，也是无线传感网络最为著名的无线通信协议。在无线传感器网络中，当某个传感器的信息从某条通信路径无法顺畅地传递出去时，动态路由器会迅速地找出另外一条近距离的信道传输数据，从而保证了信息的可靠传递。

ZigBee 以其低功耗、低成本、低速率、高容量、长时间的电池寿命等特点深受一些厂家的追捧。例如，小米近年推出的系列家庭智能产品(如小米温湿度传感器)大部分支持 ZigBee 通信。

ZigBee 技术的优点是安全性高，功耗低，组网能力强，容量大，电池寿命长；缺点是成本高，抗干扰性差，且 ZigBee 协议没有开源，通信距离短。

6. Thread/IEEE 802.15.4 协议

Thread 和 ZigBee 同属 IEEE 802.15.4 协议，但 Thread 针对 IEEE 802.15.4 做了很大的改进。Thread 是建立在 IPv6 基础之上的一个协议，无论在传输安全还是在系统可靠性上都做了优化。Thread 既可以承载企业物联网联盟 AllSeen，也可以支持苹果的 Homekit 智能家居平台。谷歌旗下的 Nest 将 Thread 定为家庭物联网的唯一通信协议，随后 Nest 发起产业联盟，联盟成员共同推广 Thread 协议，Thread 在短距离通信上也可以应用。

7. Z-Wave

Z-Wave 于 2004 年提出，由丹麦的芯片与软件开发商 Zensys 主导，Z-Wave 联盟推广其应用。Z-Wave 的工作频率在美国为 908.42 MHz，在欧洲为 868.42 MHz，采用无线网状网络技术，因此任何节点都能直接或间接地和通信范围内的其他临近节点通信。其信号的有效覆盖范围在室内是 30 m，室外可超过 100 m。Z-Wave 是一种新兴的基于射频的、低成本、低功耗、高可靠的技术，适于短距离、窄带宽的应用场合。Z-Wave 标识如图 5.6 所示。

图 5.6　Z-Wave 标识

Z-Wave 专注于家庭自动化，在欧美国家比较流行，进入中国市场较 ZigBee 晚，市场份额也远远不及 ZigBee。另外，由于频带划分的原因，Z-Wave 虽能在中国发展，但也发展得十分保守。

Z-Wave 的优点是结构简单，速率低，功耗低，成本低，相对 ZigBee 传输距离远，可靠性高；缺点是标准不开放，芯片只能通过 Sigma Designs 这一唯一来源获取。

8. NFC

NFC 于 2002 年由飞利浦半导体、诺基亚和索尼共同研发。2004 年 NFC 论坛成立，该论坛致力于短距离通信技术的标准化和推广。NFC 由 RFID 及互联技术整合演变而来，是一种短距高频的无线电技术，工作频率为 13.56 MHz，数据传输范围在 20 cm 内，传输速度有 106 kb/s、212 kb/s 和 424 kb/s 三种。NFC 通过卡、读卡器以及点对点三种业务模式进行数据读取与交换。NFC 标识如图 5.7 所示。

图 5.7　NFC 标识

　　NFC 与蓝牙功能类似，传输速率和传输距离没有蓝牙快和远，但其因功耗和成本都较低、保密性好而成为移动支付和消费的"宠儿"。

9. UWB

　　UWB 是一种无线载波通信技术，利用纳秒至微微秒级的非正弦波窄脉冲传输数据，能在 10 m 左右的范围内实现数百兆比特每秒(Mb/s)至数吉比特每秒(Gb/s)的数据传输速率。UWB 具有抗干扰性能强、传输速率高、带宽极宽、消耗电能小、发送功率小等诸多优势，主要应用于室内通信、高速无线LAN(Local Area Network，局域网)、家庭网络、无绳电话、安全检测、位置测定、雷达等领域。UWB 标识如图 5.8 所示。

图 5.8　UWB 标识

　　与蓝牙、IEEE 802.11b、IEEE 802.15 等无线通信相比，UWB 可以提供更快、更远、更宽的传输速率，目前已有越来越多的研究者投入 UWB 领域。

10. LiFi

　　LiFi 技术是一种利用可见光波谱(如灯泡发出的光)进行数据传输的全新无线传输技术，由英国爱丁堡大学 HaraldHass 教授发明。LiFi 相当于 WiFi 的可见光无线通信(Visible Light Communication，VLC)技术，利用发光二极管(Light-Emitting Diode，LED)灯泡的光波传输数据，可同时提供照明与无线联网，且不会产生电磁干扰，有助于缓解网络流量暴增的问题。

5.2　蓝牙技术基础

5.2.1　蓝牙技术的产生

　　蓝牙名称来自 10 世纪的一位丹麦国王 Harald Blatand，Blatand 的英文含义为 Bluetooth(蓝牙)，因为国王喜欢吃蓝梅，牙龈每天都是蓝色的，所以人们都称国王的牙齿为蓝牙。Blatand 国王将现在的挪威、瑞典和丹麦统一起来，他口齿伶俐，善于交际，就如同蓝牙技术一样。该技术允许不同工业领域之间的设备协调工作，保持各个系统领域之间的良好交流。使用蓝牙技术，对手机而言，其与耳机之间不再需要连线；对个人计算机而言，主机与键盘、显示器和打印机等设备之间可以摆脱纷乱的连线；在更大范围内，电冰箱、微波炉和其他家用电器可以通过计算机网络的连接实现智能化操作。

蓝牙的创始人是瑞典爱立信公司，爱立信公司早在 1994 年就开始研发这项技术。1997 年，爱立信公司与其他硬件设备生产商联系，激发了他们对该项技术的浓厚兴趣。

由于蓝牙技术具有十分可喜的应用前景，1998 年 5 月，五个跨国大公司，包括爱立信、诺基亚、IBM、东芝和英特尔经过磋商，联合成立了蓝牙技术共同利益集团(Bluetooth Special Interest Group，SIG)，目的是加速其开发、推广和应用。此项无线通信技术公布后，便迅速得到了包括摩托罗拉、3Com、朗讯、康柏、西门子等一大批公司的一致拥护，至 2008 年加盟蓝牙 SIG 的公司已达到 9000 多个，其中包括许多世界著名的计算机、通信以及电子消费产品领域的企业。

5.2.2　蓝牙技术的原理、组成和新标准

蓝牙是一种支持设备短距离通信(一般 10 m 内)的无线电技术，能在包括移动电话、PDA、无线耳机、笔记本电脑、相关外设等众多设备之间进行无线数据通信。利用蓝牙技术，能够有效地简化移动通信终端设备之间的连接，也能够简化设备与 Internet 之间的通信，从而使数据传输变得更加迅速高效，为无线通信开拓新的道路。抛开传统连线的束缚，彻底地享受无拘无束的信息交流，蓝牙带给人们极大的便利与快捷。

1. 蓝牙技术的原理

蓝牙采用分散式网络结构以及快跳频和短包技术，支持点对点及点对多点通信，工作在全球通用的 2.4 GHz ISM(Industrial Scientific Medical，工业、科学、医学)频段，其数据速率为 1 Mb/s，采用时分双工传输方案实现全双工传输，使

用的协议为 IEEE 802.15。

蓝牙技术是一种无线数据与语音通信的开放性全球规范，它以低成本的短距离无线连接为基础，为固定与移动设备通信环境建立一个便捷连接，其程序写在一个 9 mm × 9 mm 的微芯片中。

ISM 频带是对所有无线电系统都开放的频带，因此使用其中的某个频段都会遇到不可预测的干扰源，如某些家电、无绳电话、汽车房开门器、微波炉等都可能是干扰。为此，蓝牙特别设计了快速确认和跳频方案以确保链路稳定。

跳频技术把频带分成若干个跳频信道(Hop Channel)，在一次连接中，收发器按一定的码序列不断地从一个信道"跳"到另一个信道，只有收发双方是按该规律进行通信的，而其他干扰信号不可能按同样的规律进行发送；跳频的瞬时带宽很窄，但通过扩展频谱技术使该窄带宽扩展成宽频带，从而使干扰的影响变得很小。

与其他工作在相同频段的系统相比，蓝牙跳频更快，数据包更短，这使蓝牙比其他系统都更加稳定。FEC(Forward Error Correction，前向纠错)技术的使用抑制了长距离链路的随机噪声，应用二进制调频(Frequency Modulation，FM)技术的跳频收发器被用来抑制干扰和防止衰落。

2. 蓝牙系统的组成

蓝牙系统一般由天线单元、链路控制(硬件)单元、链路管理(Link Management)(软件)单元和蓝牙软件(协议)单元四个功能单元组成，如图 5.9 所示。

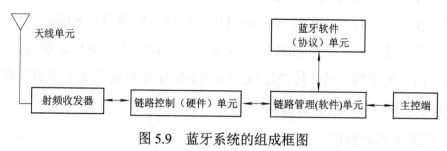

图 5.9　蓝牙系统的组成框图

1) 天线单元

蓝牙的天线部分体积十分小巧，质量小，因此蓝牙天线属于微带天线。蓝牙空中接口是建立在天线电平为 0 dBm 的基础上的。空中接口遵循 FCC(Federal

Communication Commission,美国联邦通信委员会)有关电平为 0 dBm 的 ISM 频段的标准。如果全电平达 100 mW 以上,则可以使用扩展频谱功能增加一些补充业务。频谱扩展功能是通过起始频率为 2.402 GHz,终止频率为 2.480 GHz,间隔为 1 MHz 的 79 个跳频频点来实现的。出于某些本地规定的考虑,日本、法国和西班牙都缩减了带宽。蓝牙技术最大的跳频速率为 1660 跳/s;理想的连接范围为 100 mm~10 m,但是通过增大发送电平可以将距离延长至 100 m。

2) 链路控制(硬件)单元和链路管理(软件)单元

链路管理(软件)单元携带了链路的数据设置、鉴权、链路硬件配置和其他一些协议。链路管理(软件)单元能够发现其他远端链路管理(软件)单元并通过 LMP(Link Management Protocol,链路管理协议)与之通信。链路管理(软件)单元提供如下服务:发送和接收数据、请求名称、查询链路地址、建立连接、鉴权、协商和建立链路模式、决定帧的类型、将设备设为 Sniff(呼吸)模式(Master 只能有规律地在特定的时隙发送数据)、将设备设为 Hold(挂起/保持)模式。工作在 Hold 模式的设备为了节能,会在一个较长的周期内停止接收数据,平均每激活一次链路的时间间隔由链路管理(软件)单元定义,由 LC(Link Controller,链路控制器)具体操作。

当设备不需要传送或接收数据但仍需保持同步时,将设备设为暂停模式。处于暂停模式的设备周期性地激活并跟踪同步,同时检查 Page 消息。

3) 蓝牙软件(协议)单元

蓝牙设备支持一些基本互操作特性要求。对某些设备,这种要求涉及无线模块、空中协议以及应用层协议和对象交换格式。Bluetooth 1.0 标准由两个文件组成,一个是 Foundation Core,其规定的是设计标准;另一个是 Foundation Profile,其规定的是相互运作性准则。但对另外一些设备,如耳机,这种要求就简单得多。蓝牙设备必须能够彼此识别并装载与之相应的软件以支持设备更高层次的性能。

蓝牙对不同级别的设备(如 PC、手持机、移动电话、耳机等)有不同的要求,我们无法期望一个蓝牙耳机提供地址簿,但是移动电话、手持机、笔记本电脑就需要有更多的功能特性。

通常蓝牙软件(协议)单元需具备如下功能：设置故障诊断工具、能自动识别其他设备、取代电缆连接、与外设通信、音频通信与呼叫控制、商用卡的交易与号簿网络协议。

3. 连接类型和数据包类型

连接类型定义了哪种类型的数据包能在特别连接中使用。蓝牙基带技术支持两种连接类型：同步定向连接(Synchronous Connection Oriented，SCO)类型，主要用于传送语音；异步无连接(Asynchronous Connectionless，ACL)类型，主要用于传送数据包。SCO 是点到点链路，其利用保留时隙传输数据包。连接建立后，主设备和从设备可以不被选中就发送 SCO 数据包。ACL 是点到多点链路，主节点可以利用 SCO 占用的时隙建立 ACL 链路，从节点可以同时参与 SCO 和 ACL。

SCO 具备双向对称性，可以看作电路型连接，通常用于支持语音等实时业务。主节点可与一个或多个从节点建立多达三个 SCO 链路，一个从节点也可与多个主节点建立 SCO 链路(最多三条)。SCO 分组不采用重传机制，SCO 链路的建立通过主节点发送 LMP 的 SCOsetup 消息，该消息中包含 T_{sco} 和 D_{sco} 等参数，D_{sco} 表示 SCO 开始的时隙相对数，而 T_{sco} 表示时隙的重复周期。

用蓝牙技术把一定范围(10～100 m)内装有蓝牙单元(在支持蓝牙技术的各种电气设备中嵌入蓝牙模块)的各种设备组成微型网络，简称微微网(Piconet)。该网络中不同的主从对可以使用不同的连接类型，而且在一个阶段内还可以任意改变连接类型。每个连接类型最多可以支持 16 种不同类型的数据包，其中包括 4 个控制分组，这一点对 SCO 和 ACL 来说都是相同的。两种连接类型都使用 TDD(Time Division Duplexing，时分双工)传输方案实现全双工传输。

4. 蓝牙技术的新标准

1) 蓝牙 2.0 技术规范

目前应用最为广泛的是 Bluetooth 2.0+EDR 标准，该标准在 2004 年已经推出，支持 Bluetooth 2.0+EDR 标准的产品也于 2006 年大量出现。虽然 Bluetooth 2.0+EDR 标准在技术上做了大量的改进，但从 1.X 标准延续下来的配置流程复杂和设备功耗较大的问题依然存在。

2) 蓝牙 3.0 技术规范

2009 年 4 月 21 日，SIG 正式颁布了新一代标准规范《Bluetooth Core Specification Version 3.0 High Speed》(《蓝牙核心规范 3.0 版高速》)。蓝牙 3.0 的核心是 Generic Alternate MAC/PHY(AMP)，这是一种全新的交替射频技术，允许蓝牙协议栈针对任一任务动态地选择正确射频。

作为新版规范，蓝牙 3.0 的传输速度更高，通过集成 802.11 PAL(协议适应层)，蓝牙 3.0 的数据传输速率提高到了大约 24 Mb/s，是蓝牙 2.0 的 8 倍，可以轻松用于录像机至高清电视、PC 至 PMP、UMPC 至打印机之间的资料传输。功耗方面，蓝牙 3.0 高速传送大量数据自然会消耗更多能量，但由于引入了增强电源控制(Enhance Power Control，EPC)机制，再辅以 IEEE 802.11，其实际空闲功耗会明显降低，蓝牙设备的待机耗电问题有望得到初步解决。

3) 蓝牙 4.0 技术规范

2010 年 4 月 20 日 SIG 表示，蓝牙 4.0 技术规范已经基本成型。蓝牙 4.0 包括三个子规范，即传统蓝牙技术、高速蓝牙技术和新的蓝牙低功耗技术。蓝牙 4.0 的改进之处主要体现在三个方面，即电池续航时间、节能和设备种类。此外，蓝牙 4.0 的有效传输距离也有所提升，可达到 60 m。

4) 蓝牙 5.0 技术规范

蓝牙 5.0 是由 SIG 在 2016 年提出的蓝牙技术标准，是继蓝牙 4.2 后最新的蓝牙技术标准。蓝牙 5.0 针对低功耗设备，有着更大的覆盖范围和更快的速率，有效距离最远可达 300 m，是蓝牙 4.2 的 4 倍；最大传输速率为 24 Mb/s，且新增了导航功能，对于低功耗的蓝牙设备间的配对优化明显。蓝牙 5.0 结合 WiFi 对室内位置进行辅助定位，提高了传输速度，增加了有效工作距离。

蓝牙 5.1 版提供了新的标准，该标准提出了 1 m 以下定位精确度、GATT 缓存、随机广告和定期广告同步功能。通过这些新功能，蓝牙 5.1 版可以提供更快、更低功耗的连接，减少数据包冲突，降低数据包错误率，并实现更好的能源管理。

蓝牙 5.2 版新增的功能包括 LE 同步信道(Low Energy Isochronous Channels)、增强版属性协议(Enhanced Attribute Protocol)及 LE 功率控制(Low

Energy Power Control)。下面简要介绍这三项新增功能。

(1) LE 同步信道。

之前版本的低功耗蓝牙技术仅支持面向连接的异步通信链路及非连接模式的广播链路，前者应用于外围设备(如手表)与双向数据传输设备(如手机)，后者应用于单向广播信息设备及 Mesh 网络。蓝牙 5.2 版本规定一个同步组可以包括最多 31 个不同的同步音频流，在广播同步模式下可以实现通信范围内无限多个音频接收端同时收听分享的音频流。

(2) 增强版属性协议。

蓝牙 5.2 版对属性协议进行了完善，增强版属性协议定义了无线协议，包含读、写、搜索等属性，其包含三部分，即 Handle、Type、Permissions，用于快速读取属性值。这一新增功能提高了基于属性协议的信息沟通效率，实现了快速服务发现(Fast Service Discovery)等功能，音频设备间可以快速交换服务信息。

(3) LE 功率控制。

蓝牙 5.2 版定义了低功耗蓝牙的双向功率控制协议，可用于实现多种应用场景，有助于在保持蓝牙连接的情况下，进一步降低功耗并提高设备连接的稳定性和可靠性。

5.2.3　蓝牙技术的应用

蓝牙技术在 2.4 GHz 波段运行，该波段是一种无须申请许可证的 ISM 无线电波段。正因如此，使用蓝牙技术不需要支付任何费用。

近年来蓝牙技术得到了空前广泛的应用，集成该技术的产品从手机、汽车到医疗设备，使用该技术的用户从消费者、工业市场到企业等。低功耗，小体积以及低成本的芯片解决方案使得蓝牙技术甚至可以应用于极微小的设备中。蓝牙技术是一项即时技术，它不要求固定的基础设施，且易于安装和设置。

通过使用蓝牙技术产品，可以免除居家办公电缆缠绕的苦恼。鼠标、键盘、打印机、膝上型计算机、耳机和扬声器等均可以在 PC 环境中无线使用，不但增加了办公区域的美感，还为室内装饰提供了更多创意和自由。

蓝牙设备用户可以在 10 m 以内无线控制存储在 PC 或 Apple iPod 上的音频文件。蓝牙技术还可以用在适配器中，允许人们从相机、手机、移动计算机向电视发送照片。

5.3 WiFi 技 术

5.3.1 WiFi 技术的产生

WiFi 又称为 IEEE 802.11b 标准,是当前应用最为广泛的 WLAN 标准的简称。WiFi 可以将个人计算机、手持设备(如 PDA、手机)等终端以无线方式互相连接起来进行通信。

WiFi 是一个无线网络通信技术的品牌,由 WiFi 联盟(成立于 1999 年)持有,目的是改善基于 IEEE 802.11 标准的无线网络产品之间的互通性。一般人们会把 WiFi 及 IEEE 802.11 等同于无线网络。

通俗地说,WiFi 就是一种无线联网技术,可以短程无线传输数据,能够在数百米范围内支持互联网接入的无线电信号。随着技术的发展以及 IEEE 802.11a、IEEE 802.11g 等标准的出现,现在 IEEE 802.11 标准已被统称为 WiFi。以前通过网线连接计算机,而现在则通过无线电波来联网。实际生活中最常见的联网工具就是无线路由器,在无线路由器的电波覆盖的有效范围内都可以采用 WiFi 连接方式进行联网。如果无线路由器连接了一条 ADSL 线路或者其他上网线路,则可称其为热点。所有接入热点的设备都可以访问 Internet。

5.3.2 WiFi 标准规范

WiFi 实际上是无线局域网联盟(Wireless Local Area Networks Alliance,WLANA)的一个商标,但是后来人们逐渐习惯用 WiFi 来称呼 IEEE 802.11b 协议。WiFi 的最大优点就是传输速度较高,另外其有效距离也很长,且与已有的各种 IEEE 802.11 设备兼容。

IEEE 802.11 的第一个版本发表于 1997 年,其中定义了介质访问控制层(Media Access Control,MAC)和物理层。物理层定义了工作在 2.4 GHz 的 ISM 频段上的两种无线调频方式和一种红外传输方式,总数据传输速率设计为 2 Mb/s。两个设备之间的通信可以自由直接(Ad Hoc)的方式进行，也可以在基站(Base Station，BS)或者访问点(Access Point，AP)的协调下进行。

1999 年 WiFi 加上了两个补充版本：IEEE 802.11a 定义了一个在 5 GHz ISM 频段上的数据传输速率可达 54 Mb/s 的物理层，IEEE 802.11b 定义了一个在 2.4 GHz 的 ISM 频段上的数据传输速率高达 11 Mb/s 的物理层。

2.4 GHz 的 ISM 频段被世界上绝大多数国家所使用，因此 IEEE 802.11b 得到了最为广泛的应用。IEEE 802.11b 无线网络规范是 IEEE 802.11 网络规范的扩展，最高带宽为 11 Mb/s，在信号较弱或有干扰的情况下，带宽可调整为 5.5 Mb/s、2 Mb/s 和 1 Mb/s，带宽的自动调整有效地保障了网络的稳定性和可靠性。其主要特性为速度快，可靠性高，在开放性区域通信距离可达 305 m，在封闭性区域通信距离为 76～122 m，方便与现有的以太网整合，使得组网的成本更低、更方便。

5.3.3　WiFi 技术的应用

WiFi 是由 AP 和无线网卡组成的无线网络。AP 一般称为网络桥接器或接入点，它是传统的有线局域网与无线局域网之间的桥梁，因此任何一台装有无线网卡的 PC 均可通过 AP 分享有线局域网甚至广域网的资源。AP 的工作原理相当于一个内置无线发射器的 HUB 或者路由，而无线网卡则是负责接收由 AP 所发射信号的客户端设备。

WiFi 的覆盖范围可达 100 m，因此 WiFi 一直是企业实现自己无线局域网所青睐的技术。WiFi 带来的高速无线上网将像今天人们使用手机一样普及，各厂商目前都积极将该技术应用于从掌上电脑到桌面计算机的各种设备中。

由于 WiFi 的频段在世界范围内是无须任何电信运营执照的免费频段，因此 WLAN 无线设备提供了一个世界范围内可以使用的、费用极其低廉且数据带宽极高的无线空中接口。用户可以在 WiFi 覆盖区域内快速浏览网页，随时随地接听拨打电话，而其他一些基于 WLAN 的宽带数据应用，如流媒体、网络游戏等功能也已经实现。有了 WiFi 功能后，人们在浏览网页、收发电子邮件、下载音乐、传递数码照片时无须再担心速度慢和花费高的问题。

5.4　NB-IoT 技术

窄带物联网(Narrow Band Internet of Things，NB-IoT)是万物互联网络的一个重要分支。NB-IoT 构建于蜂窝网络，只消耗大约 180 kHz 的带宽，可直接部署于 GSM 网络、UMTS(Universal Mobile Telecommunications System，通用移动通信系统)网络或 LTE(Long Time Evolution，长期演进)网络，以降低部署成本，实现平滑升级。

NB-IoT 是物联网领域的一个新兴技术，其支持低功耗设备在广域网的蜂窝数据连接，也称低功耗广域网(Low Power Wide Area Network，LPWAN)。NB-IoT 支持待机时间长、对网络连接要求较高设备的高效连接。

随着智能城市、大数据时代的来临，无线通信将实现万物连接。移动通信正在从人和人的连接向人与物以及物与物的连接发展，万物互联是必然趋势。对于电信运营商而言，车联网、智慧医疗、智能家居等物联网应用将产生的连接远远超过人与人之间的通信需求。

NB-IoT 具有以下特点：

(1) 广覆盖。

NB-IoT 提供改进的室内覆盖，在同样的频段下，NB-IoT 比现有的网络增益 20 dB，相当于提升了 100 倍覆盖区域的能力。

(2) 具备支撑连接的能力。

NB-IoT 一个扇区能够支持 10 万个连接，支持低延时敏感度、超低的设备成本、低设备功耗和优化的网络架构。

(3) 更低功耗。

NB-IoT 终端模块的待机时间可长达 10 年。

(4) 更低的模块成本。

据介绍，企业预期的单个接连模块不超过 5 美元。

NB-IoT 聚焦于低功耗广覆盖物联网市场，是一种可在全球范围内广泛应用的新兴技术。NB-IoT 使用 License 频段，可采取带内、保护带或独立载波三种部署方式，与现有网络共存。

因为 NB-IoT 自身具备的低功耗、广覆盖、低成本、大容量等优势，所以其可以广泛应用于多种垂直行业，如远程抄表、资产跟踪、智能停车、智慧农业等。

5.5　Ad Hoc 网

无线自组织网络 Ad Hoc 是一种省去了无线中介设备 AP 而搭建起来的对等网络结构，只要安装了无线网卡，计算机彼此之间即可实现无线互联。其原理是网络中的一台计算机主机建立点到点连接，相当于虚拟 AP，而其他计算机就可以直接通过该点对点连接进行网络互联与共享。Ad Hoc 是当前无线通信领域一种新的、正在发展的网络技术，它正在迅速地从军事通信渗透到相关的民用通信领域。Ad Hoc 的特点是无需常规的基础设施的支持，组网灵活方便，拓宽了移动通信的应用领域，具有广阔的发展前景。

5.5.1　Ad Hoc 网络的产生

Ad Hoc 源于拉丁语，意思是 "for this"，引申为 "for this purpose only(为某种目的设置的，特别的)"，即 Ad Hoc 网络是一种有特殊用途的网络。IEEE 802.11 标准委员会采用了 "Ad Hoc 网络" 一词来描述这种特殊的自组织对等式多跳移动通信网络。Ad Hoc 网络不需要有线基础设备的支持，通过移动主机自由的组网实现通信。Ad Hoc 网络的出现推进了人们在任意环境下自由通信的进程，同时也为军事通信、灾难救助和临时通信提供了有效的解决方案。

Ad Hoc 网络具有无中心、自组织、多跳路由、独立组网、节点移动等特点，这使得其在很多特殊场合的通信应用有独特的优势。但这些独有的特点也使得 Ad Hoc 网络在组网方式上与传统的无线通信网络有极大的差异。Ad Hoc 网络的多跳共享无线广播信道、多跳路由等都是普通有中心的无线网络所没有的。为了适应这种独特的组网和工作方式，必须为 Ad Hoc 网络单独设计相应的协议。无论是信道接入协议、路由协议、传输协议等都要根据 Ad Hoc 网络的需要和特点进行改进和调整。

5.5.2　Ad Hoc 网络的组成

在 Ad Hoc 网络中，节点具有报文转发能力，节点间的通信可能要经过多个中间节点的转发，即经过多跳(MultiHop)，这是 Ad Hoc 网络与其他移动网络的最根本区别。节点通过分层的网络协议和分布式算法相互协调，实现了网络的自动组织和运行。因此，Ad Hoc 网络也称为多跳无线网(MultiHop Wireless Network)、自组织网络(SelfOrganized Network)或无固定设施的网络(Infrastructureless Network)。

在 Ad Hoc 网络中，当两个移动主机在彼此的通信覆盖范围内时，它们可以直接通信。但是，由于移动主机的通信覆盖范围有限，如果两个相距较远的主机要进行通信，则需要通过它们之间的移动主机的转发才能实现。因此，在 Ad Hoc 网络中，主机同时还是路由器，担负着寻找路由和转发报文的工作。在 Ad Hoc 网络中，每个主机的通信范围有限，因此路由一般由多跳组成，数据通过多个主机的转发才能到达目的地。

Ad Hoc 网络可以看作移动通信和计算机网络的交叉。在 Ad Hoc 网络中使用的是计算机网络的分组交换机制，而不是电路交换机制。其通信的主机一般是便携式计算机、PDA 等移动终端设备。Ad Hoc 网络不同于目前 Internet 环境中的移动 IP 网络。在移动 IP 网络中，移动主机可以通过固定有线网络、无线链路和拨号线路等方式接入网络；而在 Ad Hoc 网络中只存在无线链路一种连接方式。在移动 IP 网络中，移动主机通过相邻的基站等有线设施的支持才能通信，在基站和基站(代理和代理)之间均为有线网络，仍然使用 Internet 的传统路由协议；而 Ad Hoc 网络没有这些设施的支持。此外，在移动 IP 网络中移动主机不具备路由功能，只是一个普通的通信终端，当移动主机从一个区移动到另一个区时并不改变网络拓扑结构；而 Ad Hoc 网络中移动主机的移动将会导致拓扑结构的改变。

Ad Hoc 网络是一种多跳的、无中心的、自组织无线网络，整个网络没有固定的基础设施，每个节点都是移动的，并且都能以任意方式动态地保持与其他节点的联系。在这种网络中，由于终端无线覆盖取值范围的有限性，两个无法直接进行通信的用户终端可以借助其他节点进行分组转发。每一个节点同时又是一个路由器，它们能完成发现以及维持到其他节点路由的功能。

5.5.3　Ad Hoc 技术的应用

由于 Ad Hoc 网络的特殊性，因此其应用领域与普通的通信网络有着显著的区别。Ad Hoc 适用于无法或不便预先铺设网络设施的场合、需快速自动组网的场合等。因此，军事应用仍是 Ad Hoc 网络的主要应用领域，但是民用方面，Ad Hoc 网络也有非常广泛的应用前景。

军队通信系统具有抗毁性、自组性和机动性。在战争中，通信系统很容易受到敌方的攻击，因此需要通信系统能够抵御一定程度的攻击。若采用集中式的通信系统，一旦通信中心受到破坏，将导致整个系统瘫痪，而 Ad Hoc 网络可以很大程度上解决这一问题。

分布式系统可以保证部分通信节点或链路断开时，其余部分还能继续工作。在战争中，战场很难保证有可靠的有线通信设施，因此通过通信节点自己组合，组成一个通信系统是非常有必要的。此外，机动性是部队战斗力的重要部分，这要求通信系统能够根据战事需求快速组建和拆除。

Ad Hoc 网络还可以与蜂窝移动通信系统相结合，利用移动台的多跳转发能力扩大蜂窝移动通信系统的覆盖范围、均衡相邻小区的业务、提高小区边缘的数据速率等。在实际应用中，Ad Hoc 网络除了可以单独组网实现局部通信外，还可以作为末端子网通过接入点接入其他固定或移动通信网络，与 Ad Hoc 网络以外的主机进行通信。因此，Ad Hoc 网络也可以作为各种通信网络的无线接入手段之一。

5.5.4　Ad Hoc 存在的问题

Ad Hoc 网络的特性决定了其管理比有线网络复杂得多，因为网络拓扑的动态变化，所以也要求网络管理动态自动配置。另外，还要考虑移动节点本身的限制，如能源有限、链路状态变化和有限的存储能力等，因此要将管理协议给整个网络带来的负荷考虑在内。同时，还要考虑网络管理对不同环境的适用性等。

Ad Hoc 网络管理需要解决的问题具体有以下几方面：

(1) 网络管理协议的一个重要任务是使网管知道网络的拓扑结构。在有线网络中，由于网络变化不频繁，因此这一点很容易做到；但在移动网络中，节点的移动导致拓扑结构变化太频繁，网管需定期收集节点的连接信息，这样会加大网络的负荷。

(2) 大多数节点使用电池供电，所以要保证网络管理的负荷限制在最小值以节省能源。要尽量减少收发和处理的节点数，但这与需要拓扑结构的定期更新是矛盾的。

(3) 能源的有限性和节点的移动性导致节点随时可能与网络分离，这要求网络管理协议能够及时觉察节点的离开和加入，并更新拓扑结构。

(4) 无线环境下信号质量变化大。信号的衰退和拥塞都会使网管误认为节点已离开，因此网管必须能够区分是由于节点移动还是由于链路质量而导致连接中断。

(5) Ad Hoc 网络通常应用于军事，因此要防止窃听、破坏和侵入，这要求网管需要结合加密和认证过程。

由上述可见，Ad Hoc 网络的网络管理与传统网络是不同的，其要解决的问题包括如何有效地收集网络的拓扑信息、如何处理动态的网络配置和安全保密问题等。Ad Hoc 网络是一种新颖的移动计算机网络类型，它既可以作为一种独立的网络运行，也可以作为当前具有固定设施网络的一种补充形式。

5.6 UWB 技术介绍

UWB 是一种无线载波通信技术，利用纳秒至微微秒级的非正弦波窄脉冲传输数据。有人称 UWB 为无线电领域的一次革命性进展，认为其将成为未来短距离无线通信的主流技术。

UWB 在 20 世纪 60 年代刚出现时是一种军用技术，后来其被重新定位成一种高数据率(最高超过 480 Mb/s)的短距(最远为 20 m)通信技术，专门用于消费电子、个人计算和移动产品市场中的新兴应用。与其他现有的和新兴的无线连接技术相比，UWB 的性能优势十分突出。例如，利用 UWB 把 1 GB 的照片从数码相机传送到照片洗印店仅需要几秒时间，而利用其他现有的速度较低的技术则将需要花费更多时间，而且 UWB 在完成上述操作过程中耗费的电池电量也非常低。

UWB 最初使用脉冲无线电技术，此技术可追溯至 19 世纪，后来由 Intel 等大公司提出并应用了 UWB 的 MB-OFDM(MultiBand-Orthogonal Frequency Division Multiplexing)技术方案。由于两种方案截然不同，且各自都有强大的阵营支持，因此制定 UWB 标准的 IEEE 802.15.3a 工作组没能在两者中决出最终的标准方案，于是将其交由市场解决，至今 UWB 还在争论之中。UWB 调制采用脉冲宽度在纳米级的快速上升和下降脉冲，脉冲覆盖频谱从直流至吉赫(GHz)，不需常规窄带调制所需的 RF(Radio Frequency，射频)频率变换，脉冲成型后可直接送至天线发射。脉冲峰值时间间隔在 $10\sim100$ ps 级。频谱形状可通过甚窄持续单脉冲形状和天线负载特征来调整。UWB 信号在时间轴上是稀疏分布的，其功率谱密度相当低，RF 可同时发射多个 UWB 信号。

UWB 不同于把基带信号变换为无线射频的常规无线系统，可视为在 RF 上的基带传播方案，在建筑物内能以极低频谱密度达到 100 Mb/s 的数据速率。

通过在较宽的频谱上传送极低功率的信号，UWB 能在 10 m 左右的范围内实现数百兆比特每秒至数吉比特每秒的数据传输速率。UWB 具有抗干扰性能强、传输速率高、带宽极宽、消耗电能小、发送功率小等诸多优势，主要应用于室内通信、高速无线局域网、家庭网络、无绳电话、安全检测、位置测定、雷达等领域。

与蓝牙和 WLAN 等带宽相对较窄的传统无线系统不同，UWB 能在宽频上发送一系列非常窄的低功率脉冲。较宽的频谱、较低的功率和脉冲化的数据，意味着 UWB 引起的干扰小于传统的窄带无线解决方案，并能够在室内无线环境中提供与有线系统相媲美的性能。

UWB 技术的特点如下：

(1) 抗干扰性能强。

UWB 采用跳时扩频信号，系统具有较大的处理增益，在发射时将微弱的无线电脉冲信号分散在宽阔的频带中,输出功率甚至低于普通设备产生的噪声。

UWB 在接收时将信号能量还原出来，在解扩过程中产生扩频增益。因此，与 IEEE 802.11a、IEEE 802.11b 和蓝牙相比，在同等码速条件下，UWB 具有更强的抗干扰性，传输速率高。UWB 的数据速率可以达到几十兆比特每秒到几百兆比特每秒，高于蓝牙 100 倍，也可以高于 IEEE 802.11a 和 IEEE 802.11b。

(2) 传输速率高。

民用应用中，一般要求 UWB 信号的传输范围为 10 m 以内。采用改进的信道容量算法，其传输速率可达 500 Mb/s，是实现个人通信和无线局域网的一种理想技术。UWB 以非常宽的频率带宽来换取高速的数据传输，并且不单独占用频率资源，而是共享其他无线技术使用的频带。

(3) 带宽极宽。

UWB 使用的带宽在 1 GHz 以上，最高可以达到几吉赫。超宽带系统容量大，并且可以和目前的窄带通信系统同时工作而互不干扰。这在频率资源日益紧张的今天，开辟了一种新的时域无线电资源。

(4) 消耗电能小。

通常情况下，无线通信系统在通信时需要连续发射载波，因此要消耗一定电能；而 UWB 不使用载波，只是发出瞬间脉冲电波，即直接发送 0 和 1，并且只有在需要时才发送脉冲电波，因此消耗电能小。

(5) 发射功率小。

UWB 系统发射功率小，通信设备用小于 1 mW 的发射功率就能实现通信，大大延长了系统电源的工作时间。另外，发射功率小，其电磁波辐射对人体的影响也会很小。

UWB 系统使用间歇脉冲发送数据，脉冲持续时间很短，一般为 0.20～1.5 ns，有很低的占空因数，系统耗电可以做到很低，在高速通信时系统的耗电量仅为几微瓦到几十毫瓦。民用 UWB 设备功率一般是传统移动电话所需功率的 1/100 左右，是蓝牙设备功率的 1/20 左右；军用的 UWB 电台耗电也很低。因此，UWB 设备在电池寿命和电磁辐射上相对于传统无线设备有很大的优越性。

(6) 截获率/侦测率低。

UWB 截获率/侦测率低表现在两方面：一方面是采用跳时扩频，接收机只有已知发送端扩频码才能解出发射数据；另一方面是系统的发射功率谱密度极低，用传统的接收机无法接收。

通信系统的物理层技术具有天然的安全性能。由于 UWB 信号一般把信号能量弥散在极宽的频带范围内，对一般通信系统，UWB 信号相当于白噪声信号，并且大多数情况下，UWB 信号的功率谱密度低于自然的电子噪声，因此从电子噪声中将脉冲信号检测出来是一件非常困难的事。采用编码对脉冲参数进行伪随机化后，脉冲的检测将更加困难。

近年来，Ad Hoc 网络在民用和商业领域也受到了重视。在民用领域，Ad Hoc 网络可以用于灾难救助。在发生洪水、地震后，有线通信设施很可能因遭受破坏而无法正常通信，通过 Ad Hoc 网络可以快速地建立应急通信网络，保证救援工作的顺利进行，满足紧急通信需求。Ad Hoc 网络可以用于偏远或不发达地区通信。在这些地区，由于造价、地理环境等原因往往没有有线通信设施，Ad Hoc 网络可以解决这些环境中的通信问题。Ad Hoc 网络还可以用于临时的通信需求，如商务会议中需要参会人员之间互相通信交流。在现有的有线通信系统不能满足通信需求的情况下，可以通过 Ad Hoc 网络完成通信任务。

5.7　移动通信技术

移动通信技术从无线电通信发明之日就产生了，通信技术的发展始于 20 世纪 20 年代，那时谁也无法预料到移动通信能发展到现在这种状况。如今人们可以通过手机进行通信，智能手机更是一款随身携带的小型计算机。移动通信接入无线网络后，可以实现个人信息管理及服务，彻底改变了人们的生活与工作方式。

5.7.1　移动通信 1G

第一代移动通信 1G(1st Generation)经历了以下几个发展阶段：

第一阶段：20 世纪 20 至 40 年代。该阶段是基于模拟传输的，其特点是业务量小、质量差、安全性差、没有加密和速度低。其主要是基于蜂窝结构组网，直接使用模拟语音调制技术，传输速率约 2.4 Kb/s，不同国家采用不同的工作系统。

　　第二阶段：20 世纪 40 年代中期至 60 年代初期。在此期间，公用移动通信业务开始问世。美国贝尔实验室建立了世界上第一个公用汽车电话网，称为城市系统。随后，德国(1950 年)、法国(1956 年)、英国(1959 年)等国相继研制了公用移动电话系统。这一阶段的特点是从专用移动网向公用移动网过渡，接续方式为人工，容量较小。

　　第三阶段：20 世纪 60 年代中期至 70 年代中期。在此期间，美国推出了改进型移动电话系统(Improved Mobile Telephone System，IMTS)，使用 150 MHz 和 450 MHz 频段，实现了无线频道自动选择并能够自动接续到公用电话网。这一阶段是移动通信系统改进与完善阶段，其特点是采用大区制、中小容量，使用 450 MHz 频段，实现了自动选频与自动接续。

　　第四阶段：20 世纪 70 年代中期至 80 年代中期。这是移动通信蓬勃发展的时期。1978 年年底，美国贝尔实验室研制成功先进的移动电话系统(Advanced Mobile Phone System，AMPS)，建成了蜂窝状移动通信网，大大提高了系统容量。该阶段主要采用的是模拟技术和频分多址(Frequency Division Multiple Access，FDMA)技术。这一阶段的特点是蜂窝状移动通信网成为实用系统，并在世界各地迅速发展。移动通信大发展的原因，除了用户数量迅猛增加外，还有技术进展所提供的条件。首先，这一时期微电子技术得到长足发展，这使得通信设备小型化、微型化有了可能性；其次，提出并形成了移动通信新体制，初步解决了容量大与频率资源有限的矛盾；最后，大规模集成电路的发展出现了微处理器，且计算机技术迅猛发展，从而为大型通信网的管理与控制提供了技术手段。

　　1G 模拟蜂窝网虽然取得了很大成功，但也暴露了一些问题，如容量有限、制式太多、互不兼容、话音质量不高、不能提供数据业务、不能提供自动漫游、频谱利用率低、移动设备复杂、费用较高以及通话易被窃听等，其最主要的问题是容量已不能满足日益增长的移动用户需求。

5.7.2　移动通信 2G、3G、4G

　　1G 是在 20 世纪 80 年代初提出的，完成于 20 世纪 90 年代初，于 1981 年投入运营。从 20 世纪 80 年代中期开始是移动通信系统的发展和成熟时期，该阶段分为 2G(2nd Generation)、2.5G、3G(3rd Generation)、4G(4th Generation)等。

1. 2G 时代

2G 是第二代移动通信技术，一般定义为以数码语音传输技术为核心，无法直接传送如电子邮件、软件等信息，只具有通话和一些如时间、日期等信息传送功能的手机通信技术规格。2G 主要采用数码的时分多址(Time Division Multiple Access，TDMA)技术和 CDMA 技术，全球主要有 GSM 和 CDMA 两种体制。CDMA 允许所有使用者同时使用全部频带(1.2288 MHz)。

GSM 是当前应用非常广泛的移动电话标准，是由欧洲电信标准组织(European Telecommunication Standard Institute，ETSI)制定的一个数字移动通信标准。GSM 一共有四种不同的蜂窝单元尺寸，即巨蜂窝、微蜂窝、微微蜂窝和伞蜂窝，其覆盖面积因不同的环境而不同。

2. 2.5G 时代

2.5G 移动通信技术是从 2G 迈向 3G 的衔接性技术。由于 3G 是一个相当浩大的工程，牵扯的层面多且复杂，因此在从 2G 迈向 3G 的发展过程中出现了介于 2G 和 3G 之间的 2.5G。GPRS 和 EDGE 以及 CDMA2000 1x 都是 2.5G 技术。

3. 3G 时代

3G 是高速数据传输的第三代移动通信技术。与模拟技术为代表的 1G、2G 相比，3G 拥有更高的带宽，其传输速度最低为 384 Kb/s，最高为 2 Mb/s，带宽可达 5 MHz 以上。3G 不仅能传输话音，还能传输数据，从而提供快捷、方便的无线应用，如无线接入 Internet。能够实现高速数据传输和宽带，提供多媒体服务是 3G 的主要特点。3G 有四种标准：CDMA 2000、WCDMA、TD-SCDMA、Wi-MAX。CDMA2000 系统把其他使用者发出的信号视为杂信，完全不用考虑信号碰撞。CDMA 提供了语音编码技术，通话品质比 GSM 好，可降低用户对话时周围环境的噪声，使通话更清晰。就安全性能而言，CDMA 不但有良好的认证体制，更因其传输特性用码来区分用户，防盗听能力也大大增强。宽带码分多址(Wideband CDMA，WCDMA)传输技术是 3G 系统标准之一。3G 网络能将高速移动接入和基于互联网协议的服务结合起来，提高无线频率利用效率。

相对 1G 手机和 2G 手机，3G 手机是指将无线通信与国际互联网结合的新一代移动通信系统，是基于移动互联网技术的终端设备。3G 手机是通信技术和 IT 技术相融合的产物，有较大的触摸式的彩色显示屏，除了能完成高质量的日常通信外，用户还可以在 3G 手机的触摸显示屏上直接写字、绘图，并传送给另一部手机，所需时间很短。当然，也可以将这些信息传送给一台计算机，或从计算机中下载某些信息；用户可以用 3G 手机直接上网，查看电子邮件或浏览网页；很多 3G 手机自带摄像头，用户可以利用手机进行视频会议，甚至替代数码相机。

4. 4G 时代

4G 是集 3G 与 WLAN 于一体并能够传输高质量视频图像的产品。4G 系统能够以 100 Mb/s 的速度下载数据，上传速度也能达到 20 Mb/s，能够满足绝大多数用户对于无线通信的要求。

4G 系统的关键技术包括信道传输，抗干扰性强的高速接入技术，调制和信息传输技术，高性能、小型化和低成本的自适应阵列智能天线，大容量、低成本的无线接口和光接口等。4G 系统的特点是网络结构高度可扩展，具有良好的抗噪声性能和抗多信道干扰能力，可以提供更高的无线数据技术服务和更好的性能价格比，能为无线网提供更好的方案。

5.7.3　移动通信 5G

5G(5th Generation)是最新一代蜂窝移动通信技术，也是继 4G 系统之后的延伸。5G 的目标是高数据速率、低延迟、节能、低成本、大容量和大规模设备连接。2019 年 6 月，工业和信息化部正式向中国电信、中国移动、中国联通、中国广电发放 5G 商用牌照，中国正式进入 5G 商用元年。2019 年 10 月，中国三大电信运营商公布 5G 商用套餐，并于 11 月 1 日正式上线 5G 商用套餐。

1. 发展背景

随着移动互联网的发展，越来越多的设备接入移动网络中，新的服务和应用层出不穷，全球移动宽带用户快速增长，移动数据流量的暴涨给网络带来严峻的挑战。另外，未来网络是一个多网并存的异构网络，要提升网络容量，必须要高效管理各个网络，简化互操作。为了解决上述挑战，满足日益增长的移动流量需求，亟须发展新一代移动通信网络。

5G 移动网络与早期的移动网络一样，也是数字蜂窝网络。在这种网络中，供应商覆盖的服务区域被划分为许多蜂窝地理区域。蜂窝中的所有 5G 无线设备通过无线电波与蜂窝中的本地天线阵和低功率自动收发器(发射机和接收机)进行通信。当用户从一个蜂窝穿越到另一个蜂窝时，移动设备将自动切换到新蜂窝中。

2. 网络特点

2019 年 9 月 10 日，中国华为公司在布达佩斯举行的国际电信联盟 2019 年世界电信展上发布《5G 应用立场白皮书》，展望了 5G 在多个领域的应用场景，并呼吁全球行业组织和监管机构积极推进标准协同、频谱到位，为 5G 商用部署和应用提供良好的资源保障与商业环境。

5G 网络的数据传输速率远远高于以前的蜂窝网络，最高可达 10 Gb/s。其另一个优点是较低的网络延迟(更快的响应时间)，低于 1 ms，而 4G 为 30～70 ms。由于数据传输更快，5G 网络将不仅为手机提供服务，而且还将为一般家庭和办公提供网络服务。5G 拥有超大的网络容量，提供千亿设备的连接能力，满足物联网通信需求，在连续广域覆盖和高移动性下，用户体验速率达到 100 Mb/s。

3. 应用领域

1) 车联网与自动驾驶

车联网技术经历了利用有线通信的路侧单元(道路提示牌)以及 2G、3G、4G 网络承载车载信息服务的阶段，目前正在依托高速移动的通信技术，逐步步入自动驾驶时代。根据中国、美国、日本等国家的汽车发展规划，依托 5G 网络，自动驾驶汽车将在 2025 年全面实现量产，市场规模将达到 1 万亿美元。

2) 数字电影传送

针对当前数字电影放映管理体系，结合 5G 通信技术，北京邮电大学首次将电影发行及放映系统迁移至网络上，设计了与当前系统完全不同的组网架构，实现了影片资源的实时快速传输，解决了院线不能统一管理的难题。2019 年 5 月 21 日，北京邮电大学楼培德教授课题组进行了世界上第一次以端到端传输速率为 500～1000 Mb/s 的电影节目传输试验，采用 5G 技术接入本地网络，成功完成了数字电影节目网络发行工作(电影数据容量在几百吉字节)，实现了中国电影全国网络发行在全球率先进入"一小时"新时代。

3) 远程医疗

5G 网络的速度和较低的延时性满足了远程呈现、远程手术的要求。2019 年 1 月 19 日，中国一名外科医生利用 5G 技术实施了全球首例远程外科手术。5G 技术最直接的应用是视频通话和虚拟现实。随着 5G 技术应用的普及，许多新的应用领域将呈现在世人面前。

4) 智能电网

因电网安全性要求高与全覆盖的广度特性，智能电网必须在海量连接以及广覆盖的处理体系中做到 99.999% 的高可靠度，超大数量末端设备的同时接入、小于 20 ms 的超低时延，以及终端深度覆盖、信号平稳等是其可安全工作的基本要求。

本 章 小 结

本章主要介绍了短距离无线通信技术基础及应用，内容涉及短距离无线通信技术及移动自组织网络领域的几个热点，包括 WiFi 技术、蓝牙技术、NB-IoT 技术、移动 Ad Hoc 网络技术、UWB 技术和移动通信技术(1G、2G、3G、4G 和 5G 技术)。本章简单分析了这些技术的基本理论、基本技术、基本方法。通过本章的学习，读者可以在短时间内了解短距离无线通信技术及其组网技术特点，为后续进一步深入学习打下基础。

第6章　传感器与传感器网络

6.1　传感器概述

人们为了从外界获取信息，必须借助于感觉器官，而单靠人们自身的感觉器官，在研究自然现象和规律以及生产活动中是远远不够的。例如，在现代工业生产尤其是自动化生产过程中，要用各种传感器(Sensor)来监视和控制生产过程中的各个参数，使设备工作在正常状态或最佳状态，并使产品达到最好的质量。可以说，没有众多优良的传感器，现代化生产也就失去了基础。

随着新技术革命的到来，世界开始进入信息时代。在利用信息的过程中，首先要解决的就是获取准确可靠的信息，而传感器是获取自然和生产领域中信息的主要途径与手段。

传感器是一种检测装置，能感受到被测量物品的信息，并能将感受到的信息按一定规律转变为电信号或其他所需形式的信息输出，以满足信息的传输、处理、存储、显示、记录和控制等要求。

在人们的生产和生活中，人们经常要和各种物理量和化学量打交道，如经常要检测长度、质量、压力、流量、温度、化学成分等。在生产过程中，生产人员往往依靠仪器、仪表来完成检测任务。这些检测仪表都包含或者本身就是敏感元件，能很敏锐地反映待测参数的大小。在为数众多的敏感元件中，我们通常把那些能将非电量形式的参量转换成电参量的元件称为传感器。

传感器输出电量有很多种形式，如电压、电流、电容、电阻等，输出信号的形式由传感器的原理确定。通常，传感器由敏感元件和转换元件组成，如图6.1所示。其中，敏感元件是指传感器中能直接感受或响应被测量的部分，转换元件是指传感器中能将敏感元件感受或响应的被测量转换成适于传输或测量的电信号的部分。

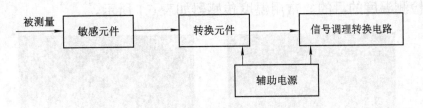

图 6.1　传感器的组成

由于传感器输出信号一般很微弱，需要由信号调理转换电路进行放大、运算调制等，且信号调理转换电路以及传感器的工作必须有辅助电源，因此信号调理转换电路以及所需的电源都应作为传感器组成的一部分。

随着集成电路技术的发展，传感器的信号调理转换电路与敏感元件通常会集成在同一芯片上，安装在传感器的壳体里。

6.2　常用传感器及其分类与用途

传感器一般是根据物理学、化学、生物学等特性、规律和效应设计而成的，同一种被测量可以用不同类型的传感器来测量，而同一原理的传感器又可测量多种物理量，因此传感器有许多种分类方法。

6.2.1　常用传感器

根据被测对象进行划分，常用传感器有温度传感器、湿度传感器、压力传感器、位移传感器、加速度传感器。按照原理分类，传感器包括电学式传感器和磁学式传感器。电学式传感器是非电量电测技术中应用范围较广的一种传感器，常用的有电阻式传感器、电容式传感器、电感式传感器、磁电式传感器及电涡流式传感器等；磁学式传感器是利用铁磁物质的一些物理效应而制成的，主要用于位移、转矩等参数的测量。

1. 温度传感器

温度传感器是一种能够将温度变化转换为电信号的装置，如图 6.2 所示。它是利用某些材料或元件的性能随温度变化的特性进行测温的，如将温度变化转换为电阻、热电动势、磁导率变化以及热膨胀的变化等，然后通过测量电路来达到检测温度的目的。常用温度传感器如表 6.1 所示。

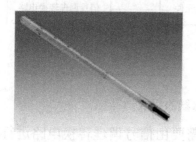
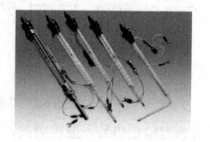

(a) 接触式温度传感器　　　　(b) 非接触式温度传感器

图 6.2　温度传感器

表 6.1　常用温度传感器

热电偶名称	正热电极	负热电极	分度号	测温范围/℃	特　点
30%铂铑—6%铂铑	30%铂铑	6%铂铑	B	0～1700(超高温)	适用于氧化性气氛中测温，测温上限高，稳定性好，在冶金等高温领域得到广泛应用
10%铂铑—铂	10%铂铑	纯铂	S	0～1600(超高温)	适用于氧化性、惰性气氛中测温，热电性能稳定，抗氧化性强，精度高，但价格贵，热电动势较小，常用作标准热电偶或用于高温测量
镍铬—镍硅	镍铬合金	镍硅	K	−200～+1200(高温)	适用于氧化和中性气氛中测温，测温范围很宽，热电动势与温度关系近似线性，热电动势大，价格低。其稳定性不如B、S型电偶，但却是非贵金属热电偶中性能最稳定的一种
镍铬—康铜	镍铬合金	铜镍合金	E	−200～+900(中温)	适用于还原性或惰性气氛中测温，热电动势较其他热电偶大，稳定性好，灵敏度高，价格低
铁—康铜	铁	铜镍合金	J	−200～+750(中温)	适用于还原性气氛中测温，价格低，热电动势较大，仅次于E型热电偶。其缺点是铁极易氧化
铜—康铜	铜	铜镍合金	T	−200～+350(低温)	适用于还原性气氛中测温，精度高，价格低，在−200～0℃可制成标准热电偶。其缺点是铜极易氧化

2. 湿敏传感器

湿敏传感器是能够感受外界湿度变化，并通过器件材料的物理或化学性质变化将湿度转化成电信号的器件。

湿度检测较之其他物理量的检测显得困难，这首先是因为空气中水蒸气含量要比空气少得多；其次，液态水会使一些高分子材料和电解质材料溶解，一部分水分子电离后与溶入水中的空气中的杂质结合成酸或碱，使湿敏材料不同程度地受到腐蚀并加速老化，从而丧失其原有的性质。

3. CCD 图像传感器

CCD 是一种半导体器件，能够把光学影像转化为数字信号。CCD 上的微小光敏单元称为像素(Pixel)，一块 CCD 上包含的像素数越多，其提供的画面分辨率也就越高。CCD 的作用就像胶片一样，但它是把光信号转换成电荷信号。CCD 上有许多排列整齐的光电二极管，其能感应光线并将光信号转变成电信号，经外部采样放大及模/数转换电路转换成数字图像信号。

CCD 是由许多个光敏像素按一定规律排列组成的，每个像元就是一个 MOS(Metal-Oxide-Semiconductor，金属-氧化物-半导体)电容器(大多为光敏二极管)。在 P 型 Si 衬底表面上用氧化的办法生成一层厚度一定的 SiO_2，再在 SiO_2 表面蒸镀一金属层(多晶硅)，在衬底和金属电极间加上一个偏置电压，就构成一个 MOS 电容器。

4. 气敏传感器

气敏传感器是用来检测气体浓度和成分的传感器，对于环境保护和安全监督方面起着极其重要的作用。气敏传感器是暴露在含有各种成分的气体中使用的，由于检测现场温度、湿度的变化很大，又存在大量粉尘和烟雾等，因此工作条件恶劣，而且气体中的一些物质会与传感元件的材料产生化学反应，其反应物还会附着在元件表面，使气敏传感器的性能变差。因此，对气敏传感器有下列要求：能够检测报警气体的允许浓度和其他标准数值的气体浓度、能长期稳定工作、重复性好、响应速度快、共存物质产生的影响小等。

气敏传感器的应用主要有一氧化碳气体的检测、瓦斯气体的检测、煤气的检测、氟利昂(R11、R12)的检测、呼气中乙醇的检测、人类口腔口臭的检测等。

气敏传感器将气体种类及其与浓度有关的信息转换成电信号，根据这些电信号的强弱就可以获得与待测气体在环境中的存在情况有关的信息，从而可以进行检测、监控、报警；还可以通过接口电路与计算机组成自动检测、控制和报警系统。

5. 压力传感器

压力传感器是工业实践中最为常用的一种传感器，如图 6.3 所示。通常使用的压力传感器主要是利用压电效应制成的，这样的传感器称为压电传感器。压电传感器主要应用在加速度、压力和力等的测量中。

图 6.3　常用压力传感器

压电加速度传感器是一种常用的加速度计，它具有结构简单、体积小、质量小、使用寿命长等优异的特点，在飞机、汽车、船舶、桥梁和建筑的振动和冲击测量中已经得到了广泛的应用，特别是在航空和宇航领域中更有其特殊地位。

6. 加速度传感器

加速度传感器是一种能够测量加速度的传感器，通常由质量块、阻尼器、弹性元件、敏感元件和适调电路等部分组成。传感器在加速过程中，通过对质量块所受惯性力的测量，利用牛顿第二定律获得加速度值。根据传感器敏感元件的不同，常见的加速度传感器包括压电式、压阻式、电容式、谐振式、电感式、应变式等，如图 6.4 所示。

(a) 压电式加速度传感器

(b) 压阻式加速度传感器

(c) 电容式加速度传感器

(d) 谐振式加速度传感器

图 6.4　常用加速度传感器

6.2.2　常用传感器的分类与用途

传感器的种类很多，应用广泛，常用传感器的分类与用途如表 6.2 所示。

表 6.2　常用传感器的分类与用途

| 传感器的分类 | | 转换原理 | 传感器名称 | 典型应用 |
转换形式	中间参量			
电参数	电阻	移动电位器角点	电位器传感器	位移
		改变电阻丝或片尺寸	电阻丝应变传感器、半导体应变传感器	微应变、力、负荷
		利用电阻的温度效应	热丝传感器	气流速度、液体流量
			电阻温度传感器	温度、辐射热
			热敏电阻传感器	温度
	电容	改变电容的几何尺寸	电容传感器	力、压力、负荷、位移
		改变电容的介电常数		液位、厚度、含水量
	电感	改变磁路几何尺寸、导磁体位置	电感传感器	位移
		涡流去磁效应	涡流传感器	位移、厚度、含水量
		压磁效应	压磁传感器	力、压力

续表

传感器的分类		转换原理	传感器名称	典型应用
转换形式	中间参量			
		改变互感	差动变压器	位移
			自整角机	
			旋转变压器	
	频率	改变谐振回路中的固有参数	振弦式传感器	压力、力
			振筒式传感器	气压
			石英谐振传感器	力、温度等
	计数	利用莫尔条纹	光栅	大角位移、大直线位移
		改变互感	感应同步器	
		拾磁信号	磁场	
	数字	数字编号	角度编码器	大角位移
电能量	电动势	温差电动势	热电偶	温度、电流
		霍尔效应	霍尔传感器	磁通、电流
		电磁感应	磁电传感器	速度、加速度
		光电效应	光电池	光照度
	电荷	辐射电离	电离室	离子计数、放射性强度
		压电效应	压电传感器	动态力、加速度

6.3　常用传感器技术原理

传感器技术涉及多个学科，其技术原理各种各样。根据传感器的工作原理，可以将传感器分为应变式、电容式、压电式、磁电式等类型。

6.3.1　应变式传感器

应变式传感器是基于测量物体受力变形所产生的变化的一种传感器。电阻应变片是其最常采用的传感元件，其是一种能将机械构件上的变化转换为电阻变化的传感元件。电阻应变片一般由敏感栅、基底、引线、覆盖层等组成，如图 6.5 所示。

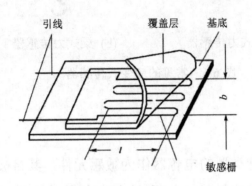

图 6.5　电阻应变片的基本构造

敏感栅由直径为 0.01~0.05 mm 的高电阻系数的细丝弯曲而成，其实际上是一个电阻元件，是电阻应变片感受构件应变的敏感部分。敏感栅由黏合剂将其固定在基底上。

基底的作用是将构件上的应变准确地传递到敏感栅上，因此必须要很薄，一般厚度为 0.03~0.06 mm，以使其能与试件及敏感栅牢固地黏结在一起。另外，基底还应有良好的绝缘性能、抗潮性能和耐热性能。基底材料有纸、胶膜、玻璃纤维布等。其中，纸具有柔软、易于粘贴、应变极限大和价格低廉等优点，但耐温耐湿性差，一般在工作温度低于 70℃时采用。为了提高纸基底的耐湿耐久性和使用温度，可浸以酚醛树脂类黏合剂，可使使用温度提高至 180℃，且时间稳定性好，适用于测力等传感器使用。胶膜基底是由环氧树脂、酚醛树脂、聚酯树脂和聚酰亚胺等有机黏合剂制成的薄膜，具有比纸更好的柔性、耐湿性和耐久性，且使用温度可达 100~300℃。玻璃纤维布能耐 400~450℃高温，多用作中温或高温应变片基底。

引线的作用是将敏感栅电阻元件与测量电路相连接，一般由 0.1~0.2 mm 低阻镀锡铜丝制成，并与敏感栅两输出端相接。

常见的应变式传感器如图 6.6 所示。

(a) 柱式力传感器　　　　　(b) 梁式力传感器

图 6.6　常见的应变式传感器

6.3.2　电容式传感器

电容式传感器以各种类型的电容器作为敏感元件,其将被测物理量的变化转换为电容量的变化,再由转换电路(测量电路)转换为电压、电流或频率,以达到检测的目的。电容式传感器的基本构造如图 6.7 所示。电容式传感器广泛用于位移、角度、振动、速度、压力、成分分析、介质特性等方面的测量。最常用的电容式传感器是平行板型电容式传感器或圆筒形电容式传感器。

图 6.7　电容式传感器的基本构造

电容式传感器也称电容式物位计,其电容检测元件是根据圆筒形电容式传感器原理进行工作的。电容式传感器由两个绝缘的同轴圆柱极板内电极和外电极组成,当在两筒之间充以介电常数为 ε 的电解质时,两圆筒间的电容量为

$$C = \frac{2\pi eL}{\ln \dfrac{D}{d}}$$

(6.1)

式中：L 为两筒相互重合部分的长度；D 为外筒电极的直径；d 为内筒电极的直径；e 为中间介质的介电常数。

在实际测量中，D、d、e 基本不变，故测得 C 即可知道液位的高低，这也是电容式传感器具有使用方便、结构简单和灵敏度高、价格便宜等特点的原因之一。

常见的电容式传感器有电容式位移传感器、电容式物位传感器、电容式指纹传感器等，如图 6.8 所示。

图 6.8 常见的电容式传感器

电容式传感器的优点如下：

(1) 温度稳定性好。

电容式传感器的电容值一般与电极材料无关，这有利于选择温度系数低的材料，电极本身发热小，稳定性影响小，而电阻传感器有铜损，易发热产生零点漂移。

(2) 结构简单。

电容式传感器结构简单，易于制造和保证高的精度，可以做得非常小巧，以实现某些特殊的测量；能工作在高温、强辐射及强磁场等恶劣的环境中，可以承受很大的温度变化，承受高压力、高冲击、过载等；能测量超高温和低压差，也能对带磁工作进行测量。

(3) 动态响应好。

电容式传感器由于带电极板间的静电引力很小，需要的作用能量极小，又由于其可动部分可以做得很小很薄，即质量很小，因此其固有频率很高，动态响应时间短，能在几兆赫兹的频率下工作，特别适用于动态测量。又由于其介质损耗小，可以用较高频率供电，因此系统工作频率高，可用于测量高速变化的参数。

(4) 可以非接触测量且灵敏度高。

电容式传感器可非接触测量回转轴的振动或偏心率、小型滚珠轴承的径向间隙等。当采用非接触测量时，电容式传感器具有平均效应，可以减小工件表面粗糙度等对测量的影响。

电容式传感器除了上述优点外，还因其带电极板间的静电引力很小，所需输入力和输入能量极小，因而可测极低的压力、力和很小的加速度、位移等，灵敏，分辨率高，能感应 0.01 μm 甚至更小的位移。由于电容式传感器的空气等介质损耗小，采用差动结构并接成电桥式时产生的零残小，因此允许电路进行高倍率放大，使仪器具有很高的灵敏度。

电容式传感器具有结构简单、耐高温、耐辐射、分辨率高、动态响应特性好等优点，广泛用于压力、位移、加速度、厚度、振动、液位等测量中。但在使用电容式传感器过程中要注意以下几个方面对测量结果的影响：① 减小环境温度、相对湿度变化；② 减小边缘效应；③ 减少寄生电容；④ 使用屏蔽电极并接地；⑤ 注意漏电阻、激励频率和极板支架材料的绝缘性。

6.3.3　光电式传感器

光电式传感器(Photoelectric Transducer)是基于光电效应的传感器，在受到可见光照射后即产生光电效应，将光信号转换成电信号输出，其基本结构如图 6.9 所示。光电式传感器除能测量光强之外，还能利用光线的透射、遮挡、反射、干涉等测量多种物理量，如尺寸、位移、速度、温度等，因而是一种应用极广的重要敏感器件。

图 6.9　光电式传感器的基本结构

　　由于光电式传感器测量时不与被测对象直接接触,且光束的质量近似为零,因此在测量中不存在摩擦,对被测对象几乎不施加压力。因此,在许多应用场合中,光电式传感器比其他传感器有明显的优越性。其缺点是在某些应用方面,光学器件和电子器件价格较贵,并且对测量的环境条件要求较高。

　　基于外光电效应的光电敏感器件有光电管和光电倍增管,基于光电导效应的有光敏电阻,基于势垒效应的有光电二极管和光电晶体管,基于侧向光电效应的有反转光敏二极管。另外,光电式传感器还可按信号形式分为模拟式光电传感器和数字式光电传感器,光电式传感器还有光纤传感器、固体图像传感器等,如图 6.10 所示。

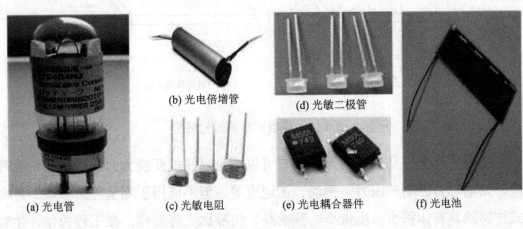

(a) 光电管　　　(c) 光敏电阻　　　(e) 光电耦合器件　　　(f) 光电池

(b) 光电倍增管　　　(d) 光敏二极管

图 6.10　常见光电管

　　光电检测方法具有精度高、反应快、非接触等优点,而且可测参数多。光电式传感器的结构简单,形式灵活多样,体积小。近年来,随着光电技术的发展,光电式传感器已成为系列产品,其品种及产量日益增加。

6.3.4　压电式传感器

　　压电式传感器是一种自发电式传感器,它以某些电介质的压电效应为基础,在外力作用下在电介质表面产生电荷,从而实现非电量电测的目的。压电式传感器的敏感元件由压电材料制成,压电材料受力后表面产生电荷,此电荷经电荷放大器和测量电路放大和变换阻抗后就成为正比于所受外力的电量输出。

压电式传感器用于测量力和能变换为电的非电物理量。其优点是频带宽、灵敏度高、信噪比高、结构简单、工作可靠和质量小等；缺点是某些压电材料需要采取防潮措施，而且输出的直流响应差，需要采用高输入阻抗电路或电荷放大器来克服这一缺陷。

压电式传感器的结构如图 6.11 所示。

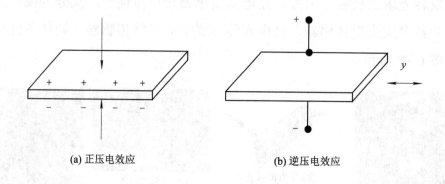

(a) 正压电效应　　　　　　　　(b) 逆压电效应

图 6.11　压电式传感器的结构

压电传感元件是力敏感元件，它可以测量最终能变换为力的那些非电物理量，如动态力、动态压力、振动、加速度等，但不能用于测量静态参数。压电式传感器具有体积小、质量小、频响高、信噪比大等特点，在工程力学、生物医学、石油勘探、声波测井、电声学等诸多领域得到了广泛应用。

6.3.5　磁电式传感器

磁电式传感器又称电动势式传感器，是利用电磁感应原理将被测量如振动、位移、转速等转换成电信号的一种传感器。它是一种机-电能量变换型传感器，利用导体和磁场发生相对运动而在导体两端输出感应电动势，不需要供电电源，电路简单，性能稳定，输出阻抗小，又具有一定的频率响应范围(一般为 10～1000 Hz)，所以有着广泛的应用，如测量转速、振动以及扭矩等。

磁电式传感器只适合进行动态测量，由于它有较大的输出功率，因此配用电路较简单，零位及性能稳定。其结构原理如图 6.12 所示。

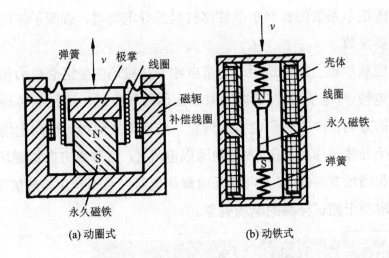

图 6.12　磁电式传感器的结构原理

　　磁电式传感器由两个基本元件组成:一个是产生恒定直流磁场的磁路系统,为了减小传感器体积,一般采用永久磁铁;另一个是线圈,由它与磁场中的磁通交链产生感应电动势。感应电动势与磁通变化率或者线圈与磁场相对运动速度成正比,因此必须使它们之间有一个相对运动。作为运动部件,其可以是线圈,也可以是永久磁铁。所以,必须合理地选择它们的结构形式、材料和结构尺寸,以满足传感器的基本性能要求。

　　磁电式传感器利用电磁感应效应、霍尔效应或磁阻效应等电磁现象,把被测物理量的变化转变为感应电动势的变化,实现速度、位移等参数测量。按电磁转换机理的不同,磁电式传感器可分为磁电感应式传感器、霍尔式传感器和磁阻效应传感器等,广泛用于建筑、工业等领域中振动、速度、加速度、转速、转角、磁场参数等的测量。

6.3.6　霍尔式传感器

　　霍尔式传感器是根据霍尔效应制作的一种磁场传感器。霍尔效应是磁电效应的一种,由 Hall (1855—1938)于 1879 年在研究金属的导电机构时发现。后来人们发现半导体、导电流体等也有这种效应,而半导体的霍尔效应比金属强得多。利用该现象制成的各种霍尔元件广泛地应用于工业自动化技术、检测技术及信息处理等方面。霍尔效应是研究半导体材料性能的基本方法,通过霍尔效应实验测定的霍尔系数能够判断半导体材料的导电类型、载流子浓度及载流子迁移率等重要参数。

霍尔效应从本质上来说是运动的带电粒子在磁场中受洛仑兹力作用引起的偏转。当带电粒子(电子或空穴)被约束在固体材料中时，这种偏转导致在垂直电流和磁场的方向上产生正负电荷的聚积，从而形成附加的横向电场。对于图6.13 所示的半导体试样，若在 ab 方向通以电流 I_s，在垂直方向加磁场 B，则在垂直于电流和磁场方向的 cd 方向就开始聚积电荷，从而产生相应的附加电场。电场的指向取决于测试样品的电场类型。

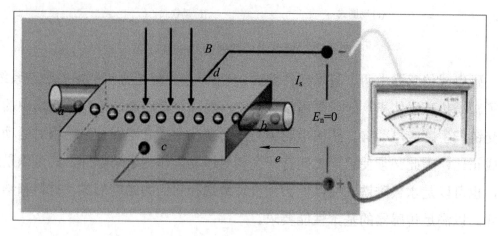

图 6.13　霍尔效应

根据霍尔效应用半导体材料制成的元件称为霍尔元件,其具有对磁场敏感、结构简单、体积小、频率响应宽、输出电压变化大和使用寿命长等优点，因此在测量、自动化、计算机和信息技术等领域得到广泛应用。

霍尔式传感器是基于霍尔效应将被测量转换成电动势输出的一种传感器，可以检测磁场及其变化，可在各种与磁场有关的场合中使用。霍尔式传感器可以测量任意波形的电流和电压，如直流、交流、脉冲波形等，甚至可以测量瞬态峰值。霍尔式传感器精度高，在工作温度区内精度优于 1%，该精度适合于任何波形的测量；线性度好，优于 0.1%；宽带高，电流传感器上升时间可小于 1 μs。但是，电压传感器带宽较窄，一般在 15 kHz 以内，6400 V_{rms} 的高压电压传感器上升时间约 500 μs，带宽约 700 Hz。霍尔传感器为系列产品，电流测量可达 50 kA，电压测量可达 6400 V。

6.3.7　智能传感器

智能传感器(Intelligent Sensor)是具有信息处理功能的传感器。智能传感器带有微处理机，具有采集、处理、交换信息的能力，是传感器集成化与微处理机相结合的产物。与一般传感器相比，智能传感器通过软件技术可实现高精度的信息采集，而且成本低，具有一定的编程自动化能力。

智能传感器能将检测到的各种物理量储存起来，并按照指令处理这些数据，从而创造出新数据。智能传感器之间能进行信息交流，并能自我决定应该传送的数据，舍弃异常数据，完成分析和统计计算等。

综上，智能传感器就是一种带有微处理机，兼有信息检测、信息处理、信息记忆、逻辑思维与判断功能的传感器，其结构如图 6.14 所示。

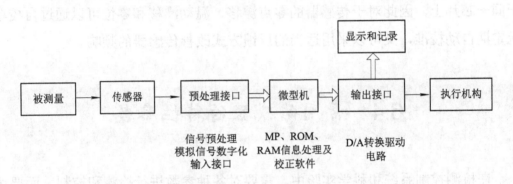

图 6.14　智能传感器的结构

智能传感器具有以下功能：

(1) 信息存储和传输。

智能传感器通过测试数据传输或接收指令来实现各项功能，如增益设置、补偿参数设置、内检参数设置、测试数据输出等。

(2) 自补偿和计算功能。

智能传感器的自补偿和计算功能为传感器的温度漂移和非线性补偿开辟了新的道路。利用微处理器对测试的信号通过软件计算，采用多次拟合和差值计算方法对漂移和非线性进行补偿，从而能获得较精确的测量结果。

(3) 自检、自校、自诊断功能。

普通传感器需要定期检验和标定，以保证它在正常使用时有足够的准确度。

智能传感器具有自诊断功能，可在电源接通时进行自检，诊断测试以确定组件有无故障。另外，智能传感器可根据使用时间在线进行校正，微处理器利用存在 EPROM(Erasable Programmable Read-Only Memory，可擦除可编程只读存储器)内的计量特性数据进行对比校对。

(4) 复合敏感功能。

常见的自然现象信号有声、光、电、热、力、化学等。敏感元件测量一般通过两种方式，即直接和间接方式。智能传感器具有复合功能，能够同时测量多种物理量和化学量，同时给出较全面反映物质运动规律的信息。

(5) 智能传感器的集成化。

大规模集成电路的发展使得传感器与相应的电路都集成到同一芯片上，而这种具有某些智能功能的传感器称为集成智能传感器。由于传感器与电路集成于同一芯片上，因此对于传感器的零点漂移、温动漂移和零位可以通过自校单元定期自动校准，又可以采用适当的反馈方式改善传感器的频响。

6.4　常用传感器的特性参数

在检测控制系统和科学实验中，需要对各种参数进行检测和控制，而要达到比较优良的控制性能，则必须要求传感器能够感测被测量的变化并且不失真地将其转换为相应的电量，这种要求的实现主要取决于传感器的基本特性。传感器的基本特性主要分为静态特性和动态特性。

6.4.1　传感器的静态特性

传感器的静态特性是指传感器的输入信号不随时间变化或变化非常缓慢时所表现出的输出响应特性，也称静态响应特性。因为这时输入量和输出量都和时间无关，所以它们之间的关系可以用一个不含时间变量的代数方程，或以输入量作为横坐标，把与其对应的输出量作为纵坐标而画出的特性曲线来描述。传感器的静态特性的主要参数有线性度、灵敏度、迟滞、重复性、漂移等。

1. 线性度

线性度指传感器输出量与输入量之间的实际关系曲线偏离拟合直线的程度,即在全量程范围内实际特性曲线与理想特性直线之间的最大偏差值与满量程输出值之比,如图 6.15 所示。

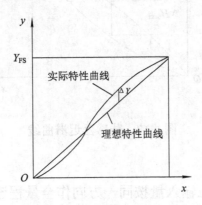

图 6.15　传感器线性度曲线

2. 灵敏度

灵敏度是传感器静态特性的一个重要指标,其定义为输出量的增量 Δy 与引起该增量的相应输入量增量 Δx 之比,如图 6.16 所示。灵敏度表示单位输入量的变化所引起传感器输出量的变化,显然灵敏度越大,表示传感器越灵敏。

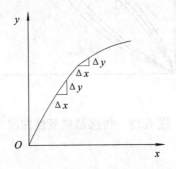

图 6.16　传感器灵敏度曲线

3. 迟滞

传感器在输入量由小到大(正行程)及输入量由大到小(反行程)变化期间其输入/输出特性曲线不重合的现象称为迟滞,如图 6.17 所示。也就是说,对于同一大小的输入信号,传感器的正反行程输出信号大小不相等,该差值称为迟滞差值。

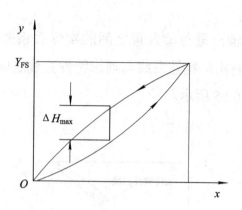

图 6.17　传感器迟滞曲线

4. 重复性

重复性是指传感器在输入量按同一方向作全量程连续多次变化时，所得特性曲线不一致的程度，如图 6.18 所示。

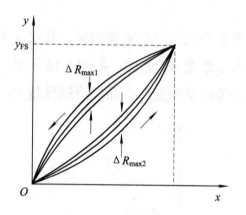

图 6.18　传感器重复性曲线

5. 漂移

漂移是指在输入量不变的情况下，传感器输出量随时间变化的现象。产生漂移的原因有两个：一是传感器自身结构参数；二是周围环境(如温度、湿度等)。

6. 测量范围

传感器所能测量到的最小输入量与最大输入量之间的范围称为测量范围(Measuring Range)。

7. 量程

传感器测量范围的上限值与下限值的代数差称为量程(Span)。

8. 精度

传感器的精度(Accuracy)是指测量结果的可靠程度,是测量中各类误差的综合反映。测量误差越小,传感器的精度越高。

9. 分辨率

传感器能检测到输入量最小变化量的能力称为分辨率(Resolution)。对于某些传感器,如电位器式传感器,当输入量连续变化时,输出量只做阶梯变化,则分辨率就是输出量的每个"阶梯"所代表的输入量的大小。

10. 阈值

阈值(Threshold)是指能使传感器的输出端产生可测变化量的最小被测输入量值,即零点附近的分辨率。

11. 稳定性

稳定性(Stability)表示传感器在一个较长时间内保持其性能参数的能力。理想的情况是无论何时,传感器的特性参数都不随时间变化。但实际上,随着时间的推移,大多数传感器的特性会发生改变。这是因为敏感元件或构成传感器的部件,其特性会随时间发生变化,从而影响传感器的稳定性。

6.4.2   传感器的动态特性

传感器的动态特性是指输入量随时间变化时传感器的响应特性。由于传感器的惯性和滞后,当被测量随时间变化时,传感器的输出往往来不及达到平衡状态,而处于动态过渡过程之中,所以传感器的输出量也是时间的函数,其间的关系要用动态特性来表示。一个动态特性好的传感器,其输出将再现输入量的变化规律,即具有相同的时间函数。实际的传感器的输出信号不会与输入信号具有相同的时间函数,这种输出与输入间的差异就是动态误差。

传感器的动态特性不仅与传感器的"固有因素"有关,还与传感器输入量的变化形式有关。也就是说,同一个传感器在不同形式的输入信号作用下,输出量的变化是不同的。通常选用几种典型的输入信号作为标准输入信号,研究传感器的响应特性。

1. 瞬态响应特性

传感器的瞬态响应是时间响应。在研究传感器的动态特性时,有时需要从时域中对传感器的响应和过渡过程进行分析,这种分析方法称为时域分析法。传感器在进行时域分析时,用得比较多的标准输入信号有阶跃信号和脉冲信号,传感器的输出瞬态响应分别称为阶跃响应和脉冲响应。

2. 频率响应特性

传感器对不同频率成分的正弦输入信号的响应特性称为频率响应特性。一个传感器输入端有正弦信号作用时,其输出响应仍然是同频率的正弦信号,只是与输入端正弦信号的幅值和相位不同。频率响应法是从传感器的频率特性出发研究传感器的输出与输入的幅值比和两者相位差的变化。

6.5　传感器网络 ZigBee

6.5.1　ZigBee 网络的产生

ZigBee 是一种基于低速无线个人区域网络的双向无线通信技术标准,其在 2.4 GHz、915 MHz、868 MHz 这三个频段上分别提供 250 kb/s、40 kb/s、20 kb/s 这三种不同的数据速率,很适合传输监控系统中数据流量较小的业务。

以传感器和自组织网络为代表的无线应用并不需要较高的传输带宽,但却需要较低的传输延时和极低的功率消耗,使用户能拥有较长的电池寿命和较多的器件阵列。目前迫切需要一种符合传感器和低端的、面向控制的、应用简单的专用标准,而 ZigBee 的出现正好解决了这一问题。ZigBee 具有高通信效率、低复杂度、低功耗、低速率、低成本、高安全性以及全数字化等诸多优点,这些优点使得 ZigBee 和无线传感器网络完美地结合在一起。

6.5.2　ZigBee 技术的主要特点

ZigBee 技术的主要特点如下：

(1) 数据传输速率低：只有 10～250 Kb/s，专注于低传输应用。

(2) 功耗低：在低耗电待机模式下，两节普通 5 号电池可使用 6 个月到 2 年，免去了充电或者频繁更换电池的麻烦。这也是 ZigBee 的独特优势。

(3) 成本低：因为 ZigBee 数据传输速率低，协议简单，所以成本较低，且 ZigBee 协议免收专利费。

(4) 时延短：通常时延在 15～30 ms。

(5) 安全：ZigBee 提供了数据完整性检查和鉴权功能，加密算法采用 AES-128，同时可以灵活确定其安全属性。

(6) 网络容量大：每个 ZigBee 网络最多可支持 255 个设备，即每个 ZigBee 设备可以与另外 254 台设备相连接。

(7) 优良的网络拓扑能力：ZigBee 具有星型、树型和网状三种拓扑结构。ZigBee 设备实际上具有无线网络自愈能力，能简单地覆盖广阔范围。

(8) 有效范围小：有效覆盖范围为 10～75 m，具体依据实际发射功率的大小和各种不同的应用模式而定，基本上能够覆盖普通的家庭或办公室环境。

(9) 工作频段灵活：使用的频段分别为 2.4 GHz(全球)、868 MHz(欧洲)及 915 MHz(美国)，均为免执照频段。

6.5.3　ZigBee 网络组成

ZigBee 的基础是 IEEE 802.15.4，这是 IEEE 无线个人区域网(Personal Area Network，PAN)工作组的一项标准，称为 IEEE 802.15.4(ZigBee)技术标准。

由于 IEEE 802.15.4 仅处理低级 MAC 层和物理层协议，因此 ZigBee 联盟对其网络层协议和 API(Application Programming Interface，应用程序接口)进行了标准化，如图 6.19 所示。每个协调器可连接多达 255 个节点，而几个 ZigBee 协调器就可组成一个网络，对路由传输的数目则没有限制。ZigBee 联盟还开发了安全层，以保证这种便携设备不会意外泄露其标识，而且这种利用网络的远距离传输不会被其他节点获得。

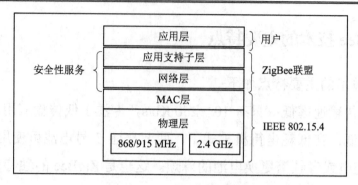

图 6.19　ZigBee 协议结构

ZigBee 技术组成的无线个人区域网(Wireless Personal Area Network，WPAN)
是一种低速率的无线个人区域网(Low-Rate Wireless Personal Area Network，
LR-WPAN)，其结构简单、成本低廉，具有有限的功率和灵活的吞吐量。
LR-WPAN 的主要目标是实现安装容易、数据传输可靠、短距离通信、非常低
的成本以及功耗，并拥有一个简单灵活的通信网络协议。

在一个 LR-WPAN 网络中可同时存在两种类型的设备，一种是完整功能的
设备(Full Function Device，FFD)，另一种是简化功能的设备(Reduced Function
Deviced，RFD)。在网络中，FFD 通常有三种工作状态：① 作为 PAN 的主协
调器；② 作为路由器；③ 作为终端设备。一个 FFD 可以同时和多个 RFD 或
多个其他的 FFD 通信，而一个 RFD 只能和一个 FFD 进行通信。RFD 的应用非
常简单，容易实现，就好像一个电灯的开关或者一个红外线传感器。由于 RFD
不需要发送大量的数据，并且一次只能同一个 FFD 连接通信，因此 RFD 仅需
要使用较小的资源和存储空间就可非常容易地组建一个低成本和低功耗的无线
通信网络。

ZigBee 网络拓扑结构中最基本的组成单元是设备，该设备可以是一个
RFD，也可以是一个 FFD。在同一个物理信道的 POS(Personal Operating Space，
个人工作范围)通信范围内，两个或者两个以上的设备就可构成一个 WPAN。但
是，在该网络中至少要求有一个 FFD 作为 PAN 主协调器。

LR-WPAN 属于 WPAN 家庭标准的一部分，其覆盖范围可能超出 WPAN 所
规定的 POS 范围。对于无线媒体而言，其传播特性具有动态性和不确定性，因
此不存在一个精确的覆盖范围，仅仅是位置或方向的一个小小变化就可能导致
信号强度或者链路通信质量的巨大变化。无论是静止设备还是移动设备，这些

变化都会对站和站之间的无线传播造成影响。

6.5.4　ZigBee 网络拓扑结构与协议

1. ZigBee 网络拓扑结构

ZigBee 协议标准中定义了三种网络拓扑结构：星型结构、树型结构和网状结构。星型网络和树型网络可以看成网状网络的一个特殊子集，网状拓扑结构是最常用的结构形式，如图 6.20 所示。

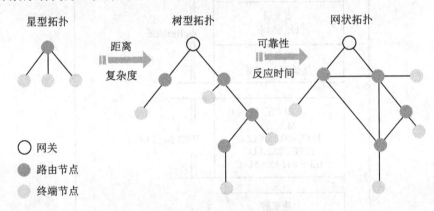

图 6.20　ZigBee 网络拓扑结构

ZigBee 网络只支持两种物理设备，即 FFD 和 RFD。其中，FFD 可提供全部服务，可充当任何 ZigBee 节点，不仅可以发送和接收数据，还具有路由功能，因此可以接收子节点。RFD 只提供部分服务，只能充当终端节点，不能充当协调器和路由节点；只负责将采集的数据信息发送给协调器和路由节点，并不具备路由功能，因此不能接收子节点，并且 RFD 之间的通信必须通过 FFD 才能完成。ZigBee 标准在此基础上定义了三种节点：ZigBee 协调点(Coordinator)、路由节点(Router)和终端节点(End Device)。

综上，即协调点和路由节点必须为 FFD，终端节点可为 FFD 也可为 RFD。

星型网络中所有的终端设备都只能与协调器相连。协调器最大可连接的终端设备理论上可达 65 535 个，每一个终端设备必须处于协调器的射频范围之内。

网状网络具有自修复功能，是一个高级别的冗余性网络。一般情况下，它能自动地选择最优的传播路径，提高链接质量。当路由器节点部署的密度足够大时，一旦一条最优的通信路径中断，网络会自动在冗余的其他路径中选择另一条最适合的路径来维持正常通信。

2. ZigBee 协议栈架构

ZigBee 协议栈架构如图 6.21 所示。

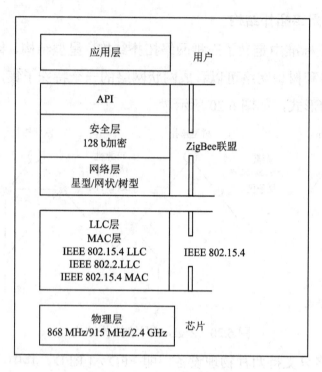

图 6.21　ZigBee 协议栈架构

协议栈根据 ZigBee 规范的定义将其逻辑分为多个层,每个层的代码位于一个独立的源文件中,而服务和 API 则在头文件中定义。要实现抽象性和模块性,顶层总是通过定义完善的 API 来与紧接着的下一层进行交互,该层的头文件定义该层所支持的所有 API。用户应用程序总是与应用支持子层(Application Support Sub-Layer,APS)和应用层(Application Layer,APL)交互。典型的应用程序总是与 APL 和 APS 接口,APL 模块提供高级协议栈管理功能,用户应用程序使用此模块来管理协议栈功能。

APS 层主要提供 ZigBee 端点接口,应用程序使用该层打开或关闭一个或多个端点并且获取或发送数据。APS 层还为键值对(Key Value Pair,KVP)和报文(Message,MSG)数据传输提供了原语。当首次对协调器编程时绑定表为空,主应用程序必须调用正确的绑定 API 来创建新的绑定项。APS 还有一个间接发送缓冲器 RAM(Random Access Memory，随机存储器)，其用来存储间接帧，直到目标接收者请求这些帧为止。MAC_MAX_DATA_REQ_PERIOD 编译时间选项定义了确切的请求时间。节点请求数据时间越长，数据包需要保存在间接发送缓冲器里的时间也越长；数据请求时间越长，需要的间接缓冲空间越大。

物理层传入数据请求，关联、解除关联和孤立通知请求。ZigBee 设备对象(ZigBee Device Object，ZDO)负责接收和处理远程设备的不同请求。MAC 层实现 IEEE 802.15.4 规范所要求的功能，并负责同物理层(Physical Layer)进行交互。

3. 服务原语

服务是一个协议层(服务提供者)向其上一层(服务用户)提供的功能。服务是通过服务提供层和服务用户之间的信息流来描述的，层间信息流是一系列离散事件，每个事件通过层间 SPA(Single Page Application，单页应用)发送一个服务原语。

服务原语是一个抽象的概念，其仅指定了实现特定的服务需要传递的信息，而与实现服务的具体方式无关。一种服务包括一个和多个服务原语，原语中的参数用来传递提供服务所要求的信息。原语通常分为如下几种类型：

(1) Request：用于上层向下层请求服务或者一个设备的下层向另一个设备的对等层请求服务。

(2) Confirm：与 Request 原语作用相反，用于下层向上层返回服务或者对等层向下层返回服务

(3) Indication：用于上层不知道网络事件发生的情况下，下层向上层通知该事件的发生。

(4) Response：用于一个设备的下层向另一个设备的对等层返回 Request 要求的服务，用来表示对用户执行上一条原语调用过程的响应。

(5) Confirm：确认原语，用于传送一个或多个前面服务原语的执行结果。

(6) primit_join 与 direct_join：这是两种原语，用于设定设备加入网络的方式。

(7) NLME-PERMIT-JOINING.request：允许 ZigBee 协调器或路由器上层设定其 MAC 层连接许可标志，在一定期间内允许其他设备同网络连接，之后设备可以通过关联(Association)方式加入网络中。这种方式较常使用。

(8) NLME-DIRECT-JOIN.request：给出了 ZigBee 协调器或路由器的上层如何请求把另一个设备直接连接到自己的网络，之后设备只能通过直接(Direct)方式加入网络中。这种方式使用较少。

6.5.5　ZigBee 技术应用范围

ZigBee 可以应用于绝大多数行业的低数据速率的无线通信，特别适合无线传感器网络、家庭自动化、遥测遥控、汽车自动化、农业自动化和医疗护理等领域。

1. 智能家居

智能家居概念已提出多年，随着 ZigBee 技术的成熟应用，智能家居迅速走入人们的生活。ZigBee 模块可安装在电视、灯泡、遥控器、游戏机、门禁系统、空调系统和其他家电产品中，实现家居的照明、温度、安全和电气智能控制。

2. 工业应用

通过 ZigBee 网络自动收集厂区内各种设备信息，并将信息送达中央控制系统进行数据处理与分析，掌握工厂的整体信息。

3. 智能交通

沿着街道、高速公路及其其他地方布置大量 ZigBee 节点设备，人们就不会再担心迷路；安装在汽车里的导航显示器会告知驾驶员当前所处的位置，以及正向何处驶去；GPS 也能提供类似服务，但是这种新的分布式系统能够提供更精确、更具体的信息。即使在 GPS 覆盖不到的楼内或隧道内，仍能继续使用 ZigBee 系统。

4. 智能建筑

通过 ZigBee 网络，智能建筑可以感知大楼内随处可能发生的火灾隐情，及早提供相关信息；根据人员分布情况自动控制中央空调，实现能源的节约；及时掌握楼内人员的出入信息，随时随地得到导航信息。

5. 医院应用

在医院，ZigBee 网络可以帮助医生及时、准确地收集急诊病人的信息和检查结果，快速准确地做出诊断。携带 ZigBee 终端的患者无论走到哪里，都可以被 24 h 监控体温、脉搏等；而配有 ZigBee 终端的担架可以直接遥控电梯门的开关。

6.6　组建 ZigBee 网络

ZigBee 是一种短距离、低功耗的无线通信技术，其特点是近距离、低复杂度、自组织、低功耗、低数据速率、低成本，主要适用于自动控制和远程控制领域，其可以嵌入各种设备。

ZigBee 是一个可以由多到 65 535 个无线数传模块组成的无线网络平台，十分类似于现有的移动通信的 CDMA 网或 GSM 网。每一个 ZigBee 网络数传模块类似于移动网络的一个基站，在整个网络范围内，它们之间可以进行相互通信；每个网络节点间的距离可以从标准的 75 m 扩展到几百米，甚至几千米。

6.6.1　ZigBee 模块的组网

ZigBee 网络具有三种网络形态节点：Coordinator(中心协调器)、Router(路由器)和 End Device(终端节点)，如图 6.22 所示。

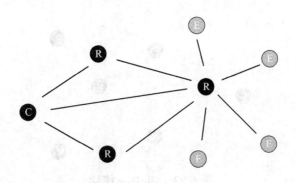

图 6.22　ZigBee 网络

1. Coordinator

Coordinator 用来创建一个 ZigBee 网络，当有节点加入时，分配地址给子节点。Coordinator 通常定义为不能掉电的设备，没有低功耗状态。每个 ZigBee 网络需要且仅需要一个 Coordinator，不同网络的 PAN ID(网络 ID)应该不一样。如果在同一空间存在两个 Coordinator，其初始 PAN ID 一样，则后上电的 Coordinator 的 PAN ID 会自动加一，以免引起 PAN ID 冲突。

2. Router

Router 负责转发资料包，寻找最适合的路由路径，当有节点加入时，可为节点分配地址。Router 通常定义为具有电源供电的设备，不能进入低功耗状态。每个 ZigBee 网络可能需要多个 Router，每个 Router 既可以收发数据，也可以转发数据。当一个网络全部由 Coordinator(一个)及 Router(多个)构成时，该网络才是真正的 Mesh 网络(网状网)，每个节点发送的数据全部是自动路由到达目标节点。

3. End Device

End Device 选择已经存在的 ZigBee 网络加入，可以收发数据，但是不能转发数据。End Device 通常定义为电池供电设备，可周期性唤醒并执行设定的任务，具有低功耗特征。

对于数据传输应用的 ZigBee 网络，用户的配置通常是一个 Coordinator 和多个 Router(全功能节点)，可根据需要选择一定数量的 End Device。

ZigBee 模块有两种类型的节点，即 Coordinator(主节点)及 Router(从节点)，如图 6.23 所示。

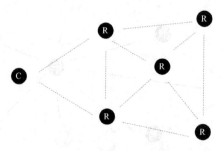

图 6.23　ZigBee 模块

一般 ZigBee 模块出厂时默认的节点类型全部为 Router，可根据需求使用配置软件对模块参数(PAN ID、波特率、节点类型、无线电频道等)进行设置，如图 6.24 所示。

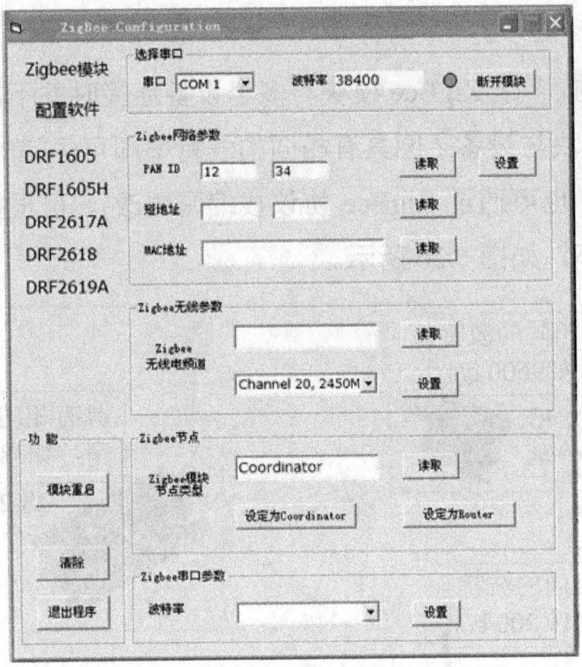

图 6.24　配置软件

1) PAN ID

ZigBee 协议使用一个 16 位的个域网标志符(PAN ID)来标识一个网络，不同厂家生产的 ZigBee 模块 PAN ID 设置方式不同，可参考厂家给出的相关资料。通常使用的 ZigBee 模块中，厂家会将 ZigBee 协议栈设置好，因此用户可直接通过配置软件进行设置。PAN ID 设置可选范围为 0～0x3FFF。

同一个网络内的每个节点具有相同的 PAN ID，不同网络之间的 PAN ID 是不同的，在同一空间，两个不同的 PAN ID 网络不会相互影响，如图 6.25 所示。

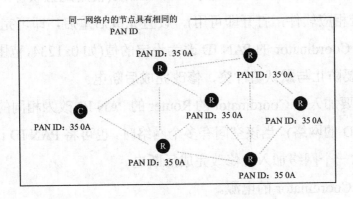

图 6.25　同一网络 PAN ID 设置

2) 波特率

同一个网络内,多个 ZigBee 模块与多个设备连接时并不需要全网具有同样的波特率,只要模块与设备之间具有相同的波特率即可(可参考厂家给出的相关资料设置波特率,也可通过 ZigBee 协议栈编码更改)。可根据传输数据的大小选择合适的波特率,如图 6.26 所示。

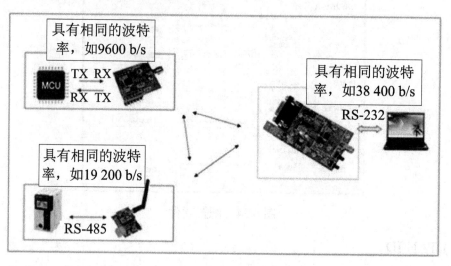

图 6.26　同一网络波特率设置

6.6.2　ZigBee 组网过程

熟悉 ZigBee 组网原理及参数配置方法后,即可进行 ZigBee 组网,过程如下(图 6.27):

(1) 将某个模块的节点类型改为 Coordinator(使用配置软件,购买 ZigBee 模块时会附带相应软件,打开即可用),设置完成后重启,即可完成设置。

(2) 将该 Coordinator 的 PAN ID 改为设定的值(如 0x1234,范围为 0x0001～0xFF00),主要防止与默认值冲突,修改完成后断电。

(3) 将需要加入该 Coordinator 的 Router 的 PAN ID 改为相同的值(只寻找具有相同 PAN ID 的网络)。当该空间有多个网络时,也可将 PAN ID 改为 0xFFFF,自动寻找任意一个网络加入,修改完成后断电。

(4) 打开 Coordinator 的电源。

(5) 打开其他 Router 的电源,大约 3 s,即可自动加入网络。

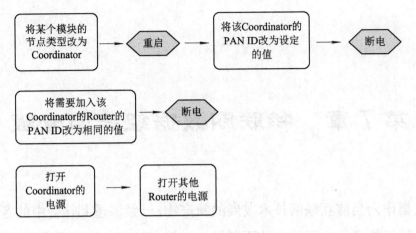

图 6.27　ZigBee 组网过程

ZigBee 组网过程中的注意事项如下：

(1) 如果要将某个网络内的 Router 加入另一个网络，则只需要将该节点的 PAN ID 改为另一个网络的 PAN ID(或 FF FF)，重启该节点，则该节点会自动加入网络。

(2) 当一个网络正常运行时，不要试图再次设定 Coordinator 的 PAN ID，即使是同样的 PAN ID。因为 Coordinator 重启后，如果扫描到有相同 PAN ID 的网络，则自己的 PAN ID 会自动加一，导致 Coordinator 退出当前网络。当需要更换 Coordinator 时可采用以下方法：

① 假设某个 ZigBee 网络(NET1)的 PAN ID 为 0x1234，需要更换该网络的 Coordinator。

② 在与 NET1 不能通信的地方建立另一个 PAN ID 为 0x1234 的网络(NET2)。

③ 将 NET2 的 Coordinator 放到 NET1，即可正常使用。

本 章 小 结

本章首先介绍了传感器的基本概念、相关特性和发展趋势；其次，根据传感器的工作原理将传感器分为应变式传感器、电感式传感器、电容式传感器、压电式传感器和磁电式传感器等，并对这些传统类型传感器的工作原理、技术特点等进行了介绍；最后介绍了 ZigBee 模块及组网流程。本章对 ZigBee 组网关键技术的介绍也为创建 ZigBee 网络提供了良好的设计思路。

第 7 章　物联网数据组织与管理

　　大数据作为当前互联网技术发展的新产物，已经渗透到社会中的各行各业。在我国，随着信息化应用技术的不断推进，越来越多的物联网产品和场景得到了实际应用。大数据已经成为当前社会工作生活必不可少的信息，其提供的海量数据为社会生活、决策管理提供了重要支撑。

7.1　物联网数据处理

7.1.1　物联网数据的特点

　　关于大数据，业内至今都无统一定义。随着计算机技术和物联网技术的高速发展，手机通信、网站访问、微博、留言、视频等无处不在的应用和商业活动源源不断地产生各种数据，于是产生了大数据的概念。从目前大数据的研究现状来看，大数据有以下几个权威定义。

　　权威研究机构 Gartner 关于大数据的定义：需要新处理模式才能具有更强的决策力、洞察发现力和流程优化能力，来适应海量、高增长率和多样化的信息资产。

　　麦肯锡全球研究给出的关于大数据的定义：一种规模大到在获取、存储、管理、分析方面大大超出了传统数据库软件工具能力范围的数据集合，具有海量的数据规模、快速的数据流转、多样的数据类型和价值密度低四大特征。

　　从以上定义来看，大数据并非一种新生的互联网技术，而是随着互联网发展而产生的一个产品。大数据是当前互联网技术飞速发展和信息数据海量化发展所面临问题的一种解决方案。因此，结合当前云计算和虚拟化技术，可以将大数据定义为：大数据是利用云计算平台，依托分布式计算、云存储、虚拟化和 AI 等众多技术的结合，从而实现海量数据的智能化提取和分析，实现对事件的准确预判。

大数据具有 5V 特性，即 Volume(大量)、Velocity(高速)、Variety(多样)、Value(低价值密度)和 Veracity(真实性)。

1. Volume

Volume 是指数据呈现海量数据和超大规模下的完整性。大数据下采集了海量的数据，从吉字节(GB)到太字节(TB)甚至发展到拍字节(PB)级别。越来越大的数据集体现了大数据的 Volume 特性。

2. Velocity

大数据的 Velocity 特性主要体现在两个方面：第一是获取数据的速度非常快；第二是在获取海量数据后能快速做出详细的分析，并能得出较为准确的结论。

3. Variety

由于网络中数据种类繁多，因此各类数据呈现出多样化的状态，数据格式也出现众多格式，如文本格式、音视频格式、应用程序格式、图片格式等。

4. Value

从数据本身来看，数据有价值高密度和价值低密度之分，大数据就是通过整合分析各类数据，才能得到具有重要实际实用价值的信息。

5. Veracity

大数据中的内容与真实世界中的发生时间息息相关，研究大数据技术就是从庞大的网络数据中提取出能够解释和预测现实事件的信息。

7.1.2　国家大数据中心

目前我国建设完成了三大数据中心和八大数据节点，下面作一介绍。

1. 国家三大数据中心

1) 中心基地——北京

2015 年 1 月，由蓝汛公司与北京市供销总社共同投资的蓝汛首鸣国际数据中心项目启动仪式在北京天竺综合保税区举行。该数据中心是北京首个国家级、超大规模云数据中心，产业园占地面积 80000 m²，包含九栋数据中心机房和一栋感知体验中心。

2) 南方基地——贵州

2015 年 7 月，首个国家级大数据中心——灾备中心落户贵州，标志着大数据专项行动第一阶段任务顺利完成。位于贵州贵安新区的国家旅游大数据库灾备中心机房内有一根特殊的网络虚拟专线，这条专线跨越了北京与贵州，实现了国家旅游局北京机房与贵州灾备中心数据的同步传输和异地备份。

3) 北方基地——乌兰察布

乌兰察布国家大数据灾备中心于 2016 年 7 月 8 日正式启动。乌兰察布地理位置优越，地质板块稳定，电力资源丰富，气候冷凉适宜，临近京、津、冀经济圈核心市场。乌兰察布市将信息产业作为战略性新兴产业来发展，致力于打造面向华北、服务京津的国家级云计算产业基地，为承接高科技产业、加快产业转型升级提供强有力的支撑。

2. 国家八大数据节点

中国网络的核心层由北京、上海、广州、沈阳、南京、武汉、成都、西安八个城市的核心节点组成。核心层的功能主要是提供与 Internet 的互联，以及提供大区之间信息交换的通路。其中，北京、上海、广州核心层节点各设有国际出口路由器，负责与 Internet 互联；两台核心路由器，与其他核心节点互联。其他核心节点各设一台核心路由器。

核心节点之间为不完全网状结构，以北京、上海、广州为中心形成三中心结构，其他核心节点分别以至少两条高速 ATM 链路与这三个中心相连。三大核心节点负责覆盖范围如下：

北京节点负责地区：北京、河北、内蒙古、山西、辽宁、河南、吉林、黑龙江、山东。

上海节点负责地区：上海、浙江、江苏、安徽、湖北、天津、江西、陕西、甘肃、青海、宁夏、新疆、广西。

广州节点负责地区：广东、福建、湖南、海南、四川、云南、贵州、西藏、重庆、广西。

1) 北京节点

北京是中国电信三大核心节点城市之一，同时也是 ChinaNet 骨干网三个国际出口之一。中国电信北方网络的主节点在北京电信上地机房，现北京上地数据中心原来是 263 机房，后来被电信收购重组为中国电信北京数据中心之一，也是中国电信北方网络主节点 ChinaNet 骨干网的交换中枢。

2) 上海节点

上海是中国电信 ChinaNet 骨干网节点，同时也是 ChinaNet 骨干网三个国际出口之一。上海电信是中国电信国内长途电信网的重要枢纽节点，也是中国国际通信的三大出口局之一，拥有京沪、北沿海、北沿江、南沿海、沪杭、沪宁等国内长途光缆系统以及国内卫星通信地球站；是中美、亚欧、亚太、环球、中日、中韩等国际大容量海光缆、陆地光缆系统的重要节点，并建有太平洋、印度洋卫星地球站。

3) 广州节点

广州市 Internet 服务中心系统于 1996 年正式开通，作为中国公用互联网络服务系统 ChinaNet 的一个骨干节点，与北京和上海的 Internet 节点连接，与它们以及其他地区的节点共同构成 ChinaNet 骨干网。广州节点是继北京、上海之后的第三个国际出口，也是广东乃至全国较大的国际出口之一。

4) 西安节点

西安是中国公用计算机网络和中国多媒体信息网络在西北五省的网络核心中枢，同时西安又是西北五省和 ChinaNet 连接的必由之路，拥有最大的网络传输线路。

5) 南京节点

南京电信作为 ChinaNet 的八大节点之一，拥有富足的网络资源，与同是八大节点之一的上海电信相比，南京与其他省市之间的骨干网络资源利用率适中。

6) 成都节点

成都数据中心是中国电信全国八大节点之一，并能提供与国内 ChinaNet 主要节点城市连接的长途专线。

7) 武汉节点

武汉电信是全国重要的通信枢纽和原中国电信第三大业务领导单位，处于国家骨干通信网 8 纵 8 横一级通信干线中心位置，是中国电信建设的三大高速光缆环网(南环、西环和北环)的交汇中心。

8) 沈阳节点

沈阳是 ChinaNet 在东北地区的网络中心，在 1996 年开通。由于东北大部分地区被网通网络覆盖，因此 ChinaNet 沈阳节点是电信节点中规模比较小的。

7.2　云存储技术

7.2.1　云存储概述

云存储(Cloud Storage)是一种网上在线存储模式，即把数据存放在通常由第三方托管的多台虚拟服务器上，而非专属的服务器上。托管(Hosting)公司运营大型的数据中心，需要数据存储托管的人则通过向其购买或租赁存储空间的方式来满足数据存储需求。数据中心营运商根据客户的需求，在后端准备存储虚拟化的资源，并将其以存储资源池(Storage Pool)的方式提供，客户便可自行使用此存储资源池来存放文件或对象。实际上，这些资源可能被分布在众多的服务器主机上。云存储的优点如图 7.1 所示。

图 7.1　云存储的优点

目前主流的云平台大多数是对海量数据信息进行存储、分享和分析的各类云盘，其中比较有名的云存储如下。

1. 阿里云

阿里云创立于 2009 年，是全球领先的云计算及人工智能科技公司，致力于以在线公共服务的方式提供安全、可靠的计算和数据处理能力，让计算和人工智能成为普惠科技。阿里云保持着良好的运行纪录。阿里云在全球各地部署高效节能的绿色数据中心，利用清洁计算为万物互联的新世界提供源源不断的能源动力，目前开放的区域包括中国(华北、华东、华南、香港)、新加坡、美国(美东、美西)、欧洲、中东、澳大利亚、日本等。

阿里云依托于阿里巴巴集团，其对丰富的网络资源进行整合，拥有自己的数据中心，阿里云的国际输出速度快。目前，阿里云有北京、青岛、杭州、香港机房可选，多线 BGP(Border Gateway Protocol，边界网关协议)接入。

2. 腾讯云

腾讯云是腾讯公司倾力打造的一款云计算品牌，其以卓越科技能力助力各行各业数字化转型，为全球客户提供领先的云计算、大数据、人工智能服务以及定制化行业解决方案。

腾讯云有着深厚的基础架构，并且有着多年对海量互联网服务的经验，不管是社交、游戏还是其他领域，都有多年的成熟产品来提供产品服务。腾讯在云端完成重要部署，为开发者及企业提供云服务、云数据、云运营等整体一站式服务方案，具体包括云服务器、云存储、云数据库和弹性 Web 引擎等基础云服务，腾讯云分析(Mobile Tencent Analytics，MTA)、腾讯云推送(信鸽)等腾讯整体大数据能力，以及 QQ 互联、QQ 空间、微云、微社区等云端链接社交体系。这些正是腾讯云可以提供给该行业的差异化优势，造就了可支持各种互联网使用场景的高品质的腾讯云技术平台。

腾讯云与微信对接有天然优势，目前用户主要以游戏应用为主。腾讯云服务器使用公共平台操作系统，团队完全负责云主机的维护，并提供丰富的配置类型虚拟机，用户可以便捷地进行数据缓存、数据库处理与搭建 Web 服务器等工作。腾讯对游戏和移动应用类客户提供了较强的扶持政策，比较适合该类型的客户使用。其缺点是普通中小客户和中网站客户难以通过审批，腾讯提供的配套设备也不适合这部分客户使用。

3. 华为云

华为云是华为公有云品牌，致力于提供专业的公有云服务，提供弹性云服务器、对象存储服务、软件开发云等云计算服务，以"可信、开放、全球服务"三大核心优势服务全球用户。

华为云成立于 2005 年，隶属于华为公司，在北京、深圳、南京及美国等多地设有研发和运营机构。华为云贯彻华为公司"云、管、端"的战略方针，汇集海内外优秀技术人才，专注于云计算中公有云领域的技术研究与生态拓展，致力于为用户提供一站式云计算基础设施服务，目标是成为中国最大的公有云服务与解决方案供应商。

2017 年 3 月起，华为专门成立了 Cloud BU(Business Unit，为华为二级部门)，全力构建并提供可信、开放、全球线上线下服务能力的公有云。截至 2020 年 12 月 30 日，华为云已上线 220 多个云服务，210 多个解决方案，除服务于国内企业外，其还服务于欧洲、美洲等全球多个区域的众多企业。

华为云立足于互联网领域，依托于华为公司雄厚的资本和强大的云计算研发实力，面向互联网增值服务运营商、大中小型企业、政府、科研院所等广大企事业用户提供包括云主机、云托管、云存储等基础云服务、超算、内容分发与加速、视频托管与发布、企业 IT、云计算机、云会议、游戏托管、应用托管等服务和解决方案。

7.2.2　云存储系统的应用

终端用户与云存储系统结构如图 7.2 所示。

云存储服务通过 Web 服务 API 或 Web 化的用户界面来访问。云存储是在云计算概念上延伸和发展出来的一个新的概念。

云存储与云计算类似，其通过集群应用、网格或分布式文件系统等技术，将网络中不同类型的存储设备通过应用软件集合起来协同工作，共同对外提供数据存储和业务访问功能，保证数据的安全性，并节约存储空间。简单来说，云存储就是将储存资源放到云上供人存取的一种新兴方案，使用者可以在任何时间、任何地点，通过任何可联网的装置连接到云上方便地存取数据。

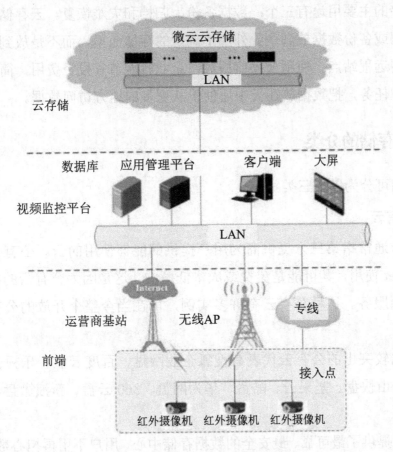

图 7.2　终端用户云存储系统结构

　　一个云状结构的存储系统由多个存储设备组成，通过集群功能、分布式文件系统或类似网格计算等功能联合起来协同工作，并通过一定的应用软件或应用接口对用户提供一定类型的存储服务和访问服务。

　　对任何一个独立的存储设备，必须清楚该存储设备是什么型号、什么接口和什么传输协议，必须清楚地知道存储系统中有多少块磁盘，分别是什么型号、多大容量，必须清楚存储设备和服务器之间采用什么连接线缆。为了保证数据安全和业务的连续性，还需要建立相应的数据备份系统和容灾系统。除此之外，还必须对存储设备进行定期状态监控、维护、软硬件更新和升级。

　　如果购买使用云存储，那么上面提到的一切对使用者来说都不再需要。云存储系统中的所有设备对使用者来说都是完全透明的，任何地方的任何一个经过授权的使用者都可以通过一根接入线缆与云存储连接，对云存储进行数据访问。

云存储的主要用途有三个：数据备份、归档和灾难恢复。云存储通常意味着把主数据或备份数据放到企业外部不确定的存储池里，而不是放到本地数据中心或专用远程站点。使用云存储服务，企业就能节省投资费用，简化复杂的设置和管理任务，把数据放在云中还便于从更多的地方访问数据。

7.2.3　云存储的分类

云存储可分为以下三类。

1. 公有云

公有云通常指第三方提供商为用户提供的能够使用的云。公有云一般可通过 Internet 使用，其可能是免费或成本低廉的，这是因为公有云的核心属性是共享资源服务。这种公有云有许多实例，可在当今整个开放的公有网络中提供服务。

国内比较突出的公有云代表有搜狐企业网盘、百度云盘、乐视云盘、移动彩云、金山快盘、坚果云、酷盘、华为网盘、360 云盘、新浪微盘、腾讯微云等。

公有云提供了最可靠、最安全的数据存储中心，用户不用再担心数据丢失、病毒入侵等麻烦；对用户端的设备要求最低，使用起来也最方便，可以轻松实现不同设备间的数据与应用共享。

2. 私有云

私有云(Private Clouds)是为一个客户单独使用而构建的，提供对数据、安全性和服务质量的最有效控制。该独立客户拥有基础设施，并可以控制在此基础设施上部署应用程序的方式。私有云可部署在企业数据中心的防火墙内，也可以将它们部署在一个安全的主机托管场所。私有云的核心属性是专有资源。

尽管公众一直误以为私有云是安全的，但事实上，私有云并不是绝对安全的。由于私有云是私有的，要想保证私有云的安全，必须要制订完善的计划，并且进行经常性的检查，才能保证私有云安全，避免导致损失。

3. 混合云

混合云把公有云和私有云结合在一起，主要用于符合客户要求的访问，特别是需要临时配置容量时。从公有云上划出一部分容量配置为私有云或内部云，以帮助公司应对迅速增长的负载或高峰波动时的需求。因此，混合云存储带来了跨公有云和私有云动态分配应用的复杂性。

公有云存储可以划出一部分用作私有云存储。一个公司可以拥有或控制基础架构，以及应用的部署，私有云存储可以部署在企业数据中心或相同地点的设施上。私有云可以由公司自己的 IT 部门管理，也可以由服务供应商管理。

7.3　云计算概述

云计算是分布式计算的一种，其通过网络"云"将巨大的数据计算处理程序分解成无数个小程序，然后通过多部服务器组成的系统进行处理和分析，这些小程序将得到的结果返回给用户。云计算早期就是简单的分布式计算，解决任务分发，并进行计算结果的合并，因此早期云计算又称为网格计算。通过这项技术，可以在很短的时间(几秒)内完成对数以万计的数据的处理，从而提供强大的网络服务。

现阶段所说的云服务已经不单单是一种分布式计算，而是分布式计算、效用计算、负载均衡、并行计算、网络存储、热备份冗杂和虚拟化等计算机技术混合演进并跃升的结果。

从广义上来说，云计算是与信息技术、软件、互联网相关的一种服务，这种计算资源共享池称为"云"。云计算把许多计算资源集合起来，通过软件实现自动化管理，只需要很少的人参与，就能让资源被快速提供。也就是说，计算能力作为一种商品，可以在互联网上流通，就像水、电、煤气一样，可以方便地取用，且价格较为低廉。

云计算不是一种全新的网络技术，而是一种全新的网络应用概念。云计算的核心概念就是以互联网为中心，在网站上提供快速且安全的计算服务与数据存储，让每一个使用互联网的人都可以使用网络上的庞大计算资源与数据中心。

1. 云计算的特点

云计算的可贵之处在于高灵活性、可扩展性和高性价比等，其与传统的网络应用模式相比具有显著的优点。

(1) 虚拟化技术。虚拟化技术突破了时间、空间的界限，是云计算最为显著的特点。虚拟化技术包括应用虚拟和资源虚拟两种，物理平台与应用部署的环境在空间上是没有任何联系的，其通过虚拟平台对相应终端操作，完成数据备份、迁移和扩展等。

(2) 动态可扩展。云计算具有高效的运算能力，在原有服务器基础上增加云计算功能能够使计算速度迅速提高，最终实现动态扩展虚拟化的效果，达到对应用进行扩展的目的。

(3) 按需部署。计算机包含许多应用、程序软件等，不同的应用对应的数据资源库不同，所以用户运行不同的应用时需要较强的计算能力对资源进行部署，而云计算平台能够根据用户的需求快速配备计算能力及资源。

(4) 灵活性高。目前市场上大多数 IT 资源、软硬件支持虚拟化，如存储网络、操作系统和开发软硬件等。虚拟化要素统一放在云系统资源虚拟池中进行管理，可见云计算的兼容性非常强，不仅可以兼容低配置机器、不同厂商的硬件产品，还能使外设获得更高性能的计算。

(5) 可靠性高。云计算中，即使服务器出现故障也不影响计算与应用的正常运行。因为如果单点服务器出现故障，可以通过虚拟化技术将分布在不同物理服务器上的应用进行恢复或利用动态扩展功能部署新的服务器进行计算。

(6) 性价比高。将资源放在虚拟资源池中统一管理在一定程度上优化了物理资源，用户不再需要购买昂贵、存储空间大的主机，而可以选择相对廉价的 PC 组成云，一方面减少费用，另一方面其计算性能不逊于大型主机。

(7) 可扩展性强。用户可以利用应用软件的快速部署条件来更为简单快捷地扩展自身所需的已有业务以及新业务。在对虚拟化资源进行动态扩展的情况下，同时能够高效扩展应用，提高计算机云计算的操作水平。

2. 云计算应用

较为简单的云计算技术已经普遍存在于互联网服务中，最为常见的就是网络搜索引擎和网络邮箱。在任何时刻，只要在搜索引擎上搜索任何自己想要的资源，就可通过云端共享数据资源。电子邮箱也是如此，在云计算技术和网络技术的推动下，电子邮箱成为社会生活中的一部分，只要在网络环境下，就可以实现实时的邮件寄发。云计算技术已经融入现今社会生活的方方面面。

1) 存储云

存储云又称云存储，是在云计算技术上发展起来的一个新的存储技术。云存储是一个以数据存储和管理为核心的云计算系统，用户可以将本地资源上传至云端，也可以在任何地方联入互联网来获取云上的资源。存储云向用户提供了存储容器服务、备份服务、归档服务和记录管理服务等，大大方便了使用者对资源的管理。

2) 医疗云

医疗云是指在云计算、移动技术、多媒体、4G/5G 通信、大数据以及物联网等新技术基础上，结合医疗技术，使用云计算创建的医疗健康服务云平台，实现了医疗资源的共享和医疗范围的扩大。云计算技术提高了医疗机构的效率，方便居民就医，如医院的预约挂号、电子病历、医保等都是云计算与医疗领域结合的产物。另外，医疗云还具有数据安全、信息共享、动态扩展、布局全面等优势。

3) 金融云

金融云利用云计算的模型，将信息、金融和服务等功能分散到庞大分支机构构成的互联网"云"中，为银行、保险和基金等金融机构提供互联网处理和运行服务，同时共享互联网资源，从而解决现有问题且达到高效、低成本的目标。

4) 教育云

教育云实质上是指教育信息化。教育云可以将所需要的任何教育硬件资源虚拟化，然后将其传入互联网中，向教育机构和学生、教师提供一个方便快捷的平台。现在流行的慕课(Massive Open Online Courses，MOOC，大规模开放在线课程)就是教育云的一种应用。

3. 云计算的安全隐患

1) 隐私被窃取

随着时代的发展，人们运用网络进行交易或购物，网上交易在云计算的虚拟环境下进行，交易双方会在网络平台上进行信息之间的沟通与交流。而网络交易存在很大的安全隐患，不法分子可以通过云计算对网络用户的信息进行窃取，同时还可以在用户与商家进行网络交易时窃取用户和商家的信息。当不法分子在云计算的平台中窃取信息后，就会采取一些技术手段对信息进行破解，同时对信息进行分析，以此发现用户更多的隐私信息。

2) 资源被冒用

云计算的环境有虚拟的特性，而用户通过云计算在网络中交易时，需要在保障双方网络信息都安全时才会进行网络操作。但是，云计算中储存的信息很多，同时云计算中的环境也比较复杂，数据会出现滥用现象，这样会影响用户的信息安全，造成一些不法分子利用被盗用的信息进行欺骗用户亲人的行为，同时还会有一些不法分子利用这些在云计算中盗用的信息进行违法交易，以此造成云计算中用户的经济损失，这些都是云计算信息被冒用引起的，严重威胁了云计算的安全。

3) 黑客攻击

黑客攻击指利用一些非法手段进入云计算的安全系统，给云计算的安全网络带来一定的破坏的行为。黑客入侵到云计算后，使云计算的操作带来未知性，同时造成的损失也很大，且造成的损失无法预测，所以黑客入侵给云计算带来的危害大于病毒给云计算带来的危害。此外，黑客入侵的速度远大于安全评估和安全系统的更新速度，使得当今黑客入侵到计算机后给云计算带来巨大的损失，同时现有技术也无法对黑客攻击进行预防，这也是造成当今云计算不安全的问题之一。

4) 云计算中容易出现病毒

大量用户通过云计算将数据存储到云中，当云计算出现异常时就会出现一些病毒，这些病毒的出现会导致以云计算为载体的计算机无法正常工作，而且这些病毒还能进行复制，并通过一些途径进行传播，这样就会导致以云计算为载体的计算机出现死机现象。同时，因为互联网的传播速度很快，导致云计算或计算机一旦出现病毒就会迅速进行传播，所以会产生很大的攻击力。

7.4 物联网数据融合概述

数据融合概念是针对多传感器系统提出的。由于信息表现形式的多样性、数据量的巨大性、数据关系的复杂性，以及要求数据处理的实时性、准确性和可靠性都已大大超出了人脑的信息综合处理能力，因此多传感器数据融合(Multi-Sensor Data Fusion，MSDF)技术应运而生。多传感器数据融合简称数据融合，也称多传感器信息融合(Multi-Sensor Information Fusion，MSIF)。其由美国国防部在 20 世纪 70 年代最先提出，之后英、法、日、俄等国也做了大量的研究。近年来数据融合技术得到了巨大的发展，同时伴随着电子技术、信号检测与处理技术、计算机技术、网络通信技术以及控制技术的飞速发展，数据融合已被应用在多个领域，在现代科学技术中的地位也日渐突出。

1. 数据融合的定义

数据融合是利用计算机技术对时序获得的若干感知数据在一定准则下加以分析、综合，以完成所需决策和评估任务而进行的数据处理过程。

数据融合有三层含义。

(1) 数据的全空间，即数据包括确定的和模糊的、全空间的和子空间的、同步的和异步的、数字的和非数字的，它是复杂的、多维多源的，覆盖全频段。

(2) 数据的融合不同于组合，组合指的是外部特性，而融合指的是内部特性，它是系统动态过程中的一种数据综合加工处理。

(3) 数据的互补过程，即数据表达方式的互补、结构上的互补、功能上的互补、不同层次的互补。这是数据融合的核心，只有互补数据的融合才可以使系统产生质的飞跃。

数据融合的实质是针对多维数据进行关联或综合分析，进而选取适当的融合模式和处理算法，用以提高数据质量，为知识提取奠定基础。

2. 数据融合的基本原理

通过对多感知节点信息的协调优化，数据融合技术可以有效地减少整个网络中不必要的通信开销，提高数据的准确度和收集效率。因此，传送已融合的数据要比未经处理的数据节省能量，延长网络的生存周期。但对物联网而言，数据融合技术将面临更多挑战，如感知节点能源有限、多数据流的同步、数据的时间敏感特性、网络带宽的限制、无线通信的不可靠性和网络的动态特性等。因此，物联网中的数据融合需要有其独特的层次性结构体系。典型的传感器数据融合如图 7.3 所示。

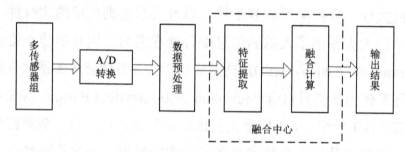

图 7.3　典型的传感器数据融合

数据融合的一般过程如下：

(1) 多个不同类型的传感器(有源或无源的)采集观测目标的数据。

(2) 对传感器的输出数据(离散的或连续的时间函数数据、输出矢量、成像数据或一个直接的属性说明)进行特征提取，得到代表观测数据的特征矢量。

(3) 对特征矢量进行模式识别处理(如汇聚算法、自适应神经网络或其他能将特征矢量变换成目标属性判决的统计模式识别法等)，完成各传感器关于目标的说明。

(4) 将各传感器关于目标的说明数据按同一目标进行分组，即关联。

(5) 利用融合算法将每一目标各传感器数据进行合成，得到该目标的一致性解释与描述。

3. 数据融合算法

数据融合技术涉及复杂的融合算法、实时图像数据库技术，以及高速、大吞吐量数据处理等支撑技术。数据融合算法是融合处理的基本内容，其将多维输入数据在不同融合层次上运用不同的数学方法进行聚类处理。就多传感器数据融合而言，虽然还未形成完整的理论体系和有效的融合算法，但有不少应用领域根据各自的具体应用背景，已经提出了许多成熟并且有效的融合算法。针对传感网的具体应用，也有许多具有实用价值的数据融合技术与算法。

目前已有大量的多传感器数据融合算法，其基本上可概括为两大类：一是随机类方法，包括加权平均法、卡尔曼滤波法、贝叶斯估计法、D-S 证据推理等；二是人工智能类方法，包括模糊逻辑、神经网络等。不同的方法适用于不同的应用背景，其中神经网络和人工智能等新概念、新技术在数据融合中将发挥越来越重要的作用。

目前，针对传感网中的数据融合问题，国内外在以数据为中心的路由协议以及融合函数、融合模型等方面已经取得了许多研究成果，主要集中在数据融合路由协议方面。按照通信网络拓扑结构的不同，比较典型的数据融合路由协议有基于数据融合树的路由协议、基于分簇的路由协议以及基于节点链的路由协议。

本 章 小 结

本章主要介绍了物联网数据的特点、国家数据中心和节点、云存储与云计算、数据融合基本知识及基本概念。随着数据通信成本的急剧下降以及各种传感技术和智能设备的出现，从各种自用设备到工业生产线等都在源源不断地产生海量实时数据并发往云端。这些海量数据是社会和企业的宝贵财富，能够帮助企业实时监控业务或设备的运行情况，生成各种维度的报表；另外，通过大数据分析和机器学习，可以对业务进行预测和预警，帮助社会或企业进行科学决策，节约成本并创造新的价值。

第8章　物联网安全

物联网分布范围的广泛性、节点的移动性以及业务应用的复杂性给物联网的安全带来严峻挑战。根据物联网的架构和特点，本章介绍物联网的安全体系，分析不同层面所面临的多种安全问题。本章分别从物联网末端节点、感知层、网络层、应用层等几个方面分析了物联网可能面临的安全威胁，并在此基础上提出了物联网的安全需求。

8.1　物联网信息安全

8.1.1　信息安全概述

1. 信息安全的概念

信息安全是一门涉及计算机科学、网络技术、通信技术、密码技术、信息安全技术、应用数学、数论、信息论等多种学科的综合性学科。从广义上来说，凡是涉及信息的可靠性、保密性、完整性、可用性和不可抵赖性的相关技术和理论都是信息安全的研究领域。

ISO 对信息安全的定义：在技术上和管理上为数据处理系统建立的安全保护，保护计算机硬件、软件和数据不因偶然和恶意的原因而遭到破坏、更改和泄露。

2. 信息安全的属性

1) 可用性

可用性(Availability)是指确保那些已被授权的用户在需要时确实可以访问得到所需信息。

2) 可靠性

可靠性(Reliability)是指信息以用户认可的质量连续服务于用户的特性(包括信息的迅速、准确和连续地转移等)，也可以说是系统在规定条件下和规定时间内完成规定功能的概率。

3) 完整性

完整性(Integrity)一方面指信息在存储或传输过程中不被偶然或蓄意地删除、修改、伪造、乱序、重放、插入等破坏的特性；另一方面指信息处理方法的正确性，如果执行不正确的操作，也很有可能破坏信息的完整性。

4) 保密性

保密性(Confidentiality)是指确保信息不泄露给未授权的实体或进程的特性，即信息的内容不会被未授权的第三方所知。

5) 不可抵赖性

不可抵赖性(Non-Repudiation)也称不可否认性，是面向通信双方(人、实体或进程)的安全要求，保证信息系统的操作者或信息的处理者不能否认其行为或者处理结果，以防止参与此操作或通信的一方事后否认该事件曾发生过。

8.1.2　信息安全的分类

1. 物理安全

物理安全又称实体安全，是保护计算机设备、设施(网络及通信线路)等免遭地震、水灾，或在有害气体和其他环境事故中受破坏的措施和过程。

2. 网络安全

网络安全指网络上信息的安全，即网络中传输和保存的数据不被偶然或恶意地破坏、更改和泄露，确保网络系统能够正常运行，网络服务不中断。

保障网络安全使用的典型技术包括密码技术、防火墙技术、入侵检测技术、访问控制技术、认证技术等。

1) 密码技术

密码技术是信息安全的核心和关键，主要包括密码算法、密码协议的设计与分析、密钥管理和密钥托管等技术。

2) 防火墙技术

防火墙技术用来加强网络之间的访问控制，防止外部网络用户以非法手段通过外部网络进入内部网络来访问内部网络资源，保护内部网络操作环境。

3) 入侵检测技术

入侵检测技术是用于检测损害或企图损害系统的机密性、完整性或可用性等行为的一类安全技术。

4) 访问控制技术

访问控制技术是指按用户身份及其所归属的某预定义组来限制用户对某些信息的访问。

访问控制技术分为自助访问控制技术(Discretionary Access Control，DAC)、强制访问控制技术(Mandatory Access Control，MAC)以及基于角色的访问控制技术(Role-Based Access Control，RBAC)三种类型。

5) 认证技术

认证技术用于确定合法对象的身份，防止假冒攻击。其基本思想是通过验证被认证对象的属性来达到确认被认证对象是否真实有效的目的。

当前，业界广泛采用的一项认证技术是 PKI(Public Key Infrastructure，公开密钥基础设施)。

3. 系统安全

系统安全主要指的是计算机系统的安全，而计算机系统的安全主要取决于软件系统，包括操作系统的安全和数据库的安全。

4. 应用安全

应用安全是指应用程序在使用过程中和结果的安全，是定位于应用层的安全。应用安全包括 Web 安全、电子邮件安全等。

1) Web 安全

Web 安全是指在服务器与客户机基于超文本方式进行信息交互时的安全问题。Web 安全威胁包括黑客攻击、病毒干扰、Web 诈骗、网上钓鱼等。

2) 电子邮件安全

威胁电子邮件安全的事件主要包括垃圾邮件、病毒侵犯、邮件爆炸、邮件被监听等。

8.2　物联网安全威胁

8.2.1　物联网安全体系概述

物联网基于现有网络将物和物联系起来，然而物联网自身又具有一些特殊性，因此决定了其安全问题既同现有网络安全密切联系，又具有一定的特殊性，主要体现在以下三个方面。

1. 终端节点的特殊性

终端节点的特殊性主要表现在：物联网终端的数量巨大，类型多样；无人值守，缺乏安全监控和维护，容易发生滥用；物理尺寸、运算能力和供电受限，从而导致密钥、证书存储空间有限，加密算法处理能力受限；设备安全性和完整性保护能力受限，易受攻击。

2. 接入安全的特殊性

接入安全的特殊性主要表现在：终端多样，功能受限，难以实现密钥的管理和安全分发，需要实现可靠的节点身份认证；异构跨域网络间的认证导致除了网络与用户之间的相互认证之外，还必须进行异构网络间的相互认证以及用户与为其服务的终端之间的相互认证，这样才能保证一个让用户放心且安全的网络环境。

3. 传输安全的特殊性

传输安全的特殊性主要表现在：无线访问，隐私泄露随时可能发生，需要隐私保护机制；位置信息、健康信息和金融交易信息等敏感信息需要保护；物联网使个人隐私、支付交易和其他敏感信息保护难度增加，安全机制受物联网架构不确定性的影响；设备漫游给安全通信方案设计带来复杂性。

8.2.2　物联网的安全威胁

物联网的三层系统结构从下到上依次是感知层、网络层和应用层。因此，要根据物联网每层的安全特点分别考虑物联网的安全机制。

1. 终端节点安全威胁

物联网终端节点包括传感器节点、RFID 标签、近距离无线通信终端、移动通信终端、摄像头以及传感网络网关等。按照末端节点与网络的关系划分，有接入感知网络的节点以及直接接入通信网络的节点。

感知节点本身的安全从脆弱性和安全威胁两个方面进行分析。

1) 脆弱性

物联网终端节点的脆弱性表现在以下两个方面：

(1) 由于末端节点的能力有限，因此其更容易遭受拒绝服务(Denial of Service，DoS)攻击。因为节点可能所处环境恶劣，无人值守，所以设备容易遭受破坏和丢失。

(2) 设备相关信息失控，这是由于节点随机布放，上层网络难以获得布放节点位置信息以及拓扑信息。

2) 安全威胁

物联网终端节点的安全威胁包括以下几个方面：

(1) 非授权读取节点信息。由于感知节点被物理俘获或逻辑攻破，因此攻击者可利用简单的工具分析出感知节点存储的机密信息，可使感知节点不工作。

(2) 假冒感知节点。攻击者通过假冒感知节点向感知网络注入信息，从而发动多种攻击，如监听感知网络中传输的信息、向感知网络中发布假的路由信息或传送假的数据信息、进行拒绝服务攻击等。

(3) 节点的自私性威胁。感知节点之间本应协同工作，但部分节点不愿消耗自己的能量或是有效的网络带宽为其他节点提供转发数据包服务，从而影响网络的效率或使网络失效。

(4) 木马、病毒、垃圾信息的攻击。这是由于终端操作系统或应用软件的漏洞引起的安全威胁。

(5) 与用户身份有关的信息泄露。与用户身份有关的信息包括个人信息、使用习惯、用户位置等，攻击者综合以上信息可进行用户行为分析。

2. 感知层安全威胁

由于感知网络具有资源受限、拓扑动态变化、网络环境复杂、以数据为中心以及与应用密切相关等特点，因此与传统的无线网络相比，其更容易受到威胁和攻击。

感知网络除了可能遭受同现有网络相同的安全威胁外，还可能受到一些特有的威胁。

1) 传输威胁

任何有机密信息交换的通信都必须防止被窃听，存储在节点上的关键数据未经授权也应该禁止访问。传输信息时主要面临的威胁有以下几种：

(1) 中断。路由协议分组，特别是路由发现和路由更新消息会被恶意节点中断和阻塞。攻击者可以有选择地过滤控制消息和路由更新消息，并中断路由协议的正常工作。

(2) 拦截。路由协议传输的信息，如"保持有效"等命令和"是否在线"等查询，会被攻击者中途拦截，并定向到其他节点，从而扰乱网络的正常通信。

(3) 篡改。攻击者通过篡改路由协议分组破坏分组中信息的完整性，并建立错误的路由，造成合法节点被排斥在网络之外。

(4) 伪造。无线传感网络内部的恶意节点可能伪造虚假的路由信息，并把这些信息插入正常的协议分组中，对网络造成破坏。

2) 拒绝服务

拒绝服务主要是破坏网络的可用性，减少、降低执行网络或系统执行某一期望功能能力的任何事件。例如，试图中断、颠覆或毁坏感知网络，还包括硬件失败、软件 bug、资源耗尽、环境条件恶劣等；在网络中的恶意干扰协议或物理损害传感节点，消耗传感节点能量。

3) 路由攻击

路由攻击的一种表现形式是恶意节点拒绝转发特定的消息并将其丢弃，使得这些数据包不再进行任何传播；另一种表现形式是攻击者修改特定节点传送来的数据包，并将其可靠地转发给其他节点，从而降低被怀疑的程度。当恶意节点在数据流传输路径上时，选择转发攻击最有威胁。

3. 网络层安全威胁

大量物联网设备接入给网络层带来如下问题。

1) 隐私泄露

由于一些物联网设备很可能处在物理不安全的位置，因此就给了攻击者可乘之机，从物理不安全的设备中获得用户身份等隐私信息，并以此设备对通信网络进行攻击。

2) 传输安全

通信网络存在一般性的安全问题，会对信令的机密性和完整性产生威胁。

3) 网络拥塞和拒绝服务攻击

由于物联网设备数量巨大，如果通过现有的认证方法对设备进行认证，那么信令流量对网络侧来说是不可忽略的，尤其是大量设备在很短时间内接入网络，很可能会带来网络拥塞，而网络拥塞会给攻击者带来可乘之机，从而对服务器产生拒绝服务攻击。

4) 密钥

传统的通信网络认证是对终端逐个进行认证，并生成相应的加密和完整性保护密钥。这样带来的问题是当网络中存在比传统手机终端多得多的物联网设备时，如果也按照逐一认证产生密钥的方式，会给网络带来大量的资源消耗；同时，未来的物联网存在多种业务，对于同一用户的同一业务设备来说，逐一对设备端进行认证并产生不同的密钥也是对网络资源的一种浪费。

4. 应用层安全威胁

物联网应用层主要面临以下安全问题。

1) 隐私威胁

由于大量使用无线通信、电子标签和无人值守设备，使得物联网应用层隐私信息威胁问题非常突出。隐私信息可能被攻击者获取，给用户带来安全隐患。物联网的隐私威胁主要包括隐私泄露和恶意跟踪。

2) 业务滥用

物联网中可能存在业务滥用攻击，如非法用户使用未授权的业务或者合法用户使用未定制的业务等。

3) 身份冒充

物联网中存在无人值守设备，这些设备可能被劫持，并伪装成客户端或者应用服务器发送数据信息，执行操作。例如，针对智能家居的自动门禁远程控制系统，通过伪装成基于网络的后端服务器，可以解除告警，打开门禁进入房间。

4) 应用层信息窃听/篡改

由于物联网通信需要通过异构、多域网络，这些网络情况多样，安全机制相互独立，因此应用层数据很可能被窃听、注入和篡改。此外，由于 RFID 网络的特征，在读写通道的中间，信息也很容易被中途截取。

5) 信令拥塞

目前的认证方式是应用终端与应用服务器之间的一对一认证。而在物联网中，终端设备数量巨大，当短期内这些数量巨大的终端使用业务时，会与应用服务器之间产生大规模的认证请求消息。这些消息将会导致应用服务器过载，使得网络中信令通道拥塞，引起拒绝服务攻击。

8.2.3　无线传感器网络安全

无线传感器网络的安全目标：解决网络的可用性、机密性、完整性等问题，抵抗各种恶意攻击。

1. 有限的资源

一个普通的传感器节点拥有 16 b、8 MHz 的 RISC CPU，但它只有 10 KB 的 RAM、48 KB 的程序内存和 1024 KB 的闪存。

2. 通信的不可靠性

无线传输信道的不稳定性以及节点的并发通信冲突可能导致数据包丢失或损坏，迫使软件开发者投入额外的资源进行错误处理。另外，多跳路由和网络拥塞可能造成很大延迟。

3. 节点的物理安全无法保证

传感器节点所处的环境易受到天气等物理因素的影响。

传感器网络的远程管理使我们在进行安全设计时必须考虑节点的检测、维护等问题，同时还要将节点导致的安全隐患扩散限制在最小范围内。

本 章 小 结

本章从信息安全的属性出发，分别从物联网节点分布范围、节点的移动性以及业务的复杂性等几个方面分析了物联网的安全威胁以及面临的严峻挑战。根据物联网的结构特点，本章划分了物联网的安全体系，分析了物联网不同层面所面临的多种安全问题，为安全防范指明了方向并提供了防范策略。

第 9 章 物联网应用

物联网的应用无处不在，已经渗透到人们生活的各个领域，如智能家居(Smart Home/ Home Automation)、环境监控、智能交通、智慧农业、智能物流、智能电网、智慧医疗和城市安保等。本章通过物联网的几个典型应用讲述物联网的应用特征和方式。

9.1 智能家居系统

9.1.1 智能家居系统概述

智能家居系统又称智能住宅，其以住宅为平台，利用先进的计算机技术、网络通信技术、智能云端控制、综合布线技术、医疗电子技术，依照人体工程学原理，融合个性需求，将与家居生活有关的各个子系统有机地结合在一起，通过网络化综合智能管理和控制，实现"以人为本"的全新家居生活体验。

智能家居是物联网的一个具体应用，其通过物联网技术将家中的各种设备，包括音视频设备、照明系统、窗帘控制、空调控制、安防系统、数字影院系统、影音服务器、影柜系统、网络家电等连接到一起，提供家电控制、照明控制、电话远程控制、室内外遥控、防盗报警、环境监测、暖通控制、红外转发以及可编程定时控制等多种功能和手段。与普通家居相比，智能家居不仅具有传统的居住功能，还兼备建筑、网络通信、信息家电、设备自动化功能，提供全方位的信息交互功能。

智能家居的概念起源很早，但一直未有具体的建筑案例出现，直到 1984年美国联合科技公司(United Technologies Building System)将建筑设备信息化、整合化概念应用于美国康涅狄格州(Connecticut)哈特佛市(Hartford)的 City Place

Building 时才出现了首栋智能型建筑，从此揭开了全世界争相建造智能家居派的序幕。

1. 家庭自动化

家庭自动化是利用微处理电子技术集成或控制家中的电子电器产品或系统，如照明灯、咖啡炉、计算机设备、保安系统、暖气及冷气系统及音响系统等。家庭自动化系统主要是以一个中央微处理机接收来自相关电子电器产品的信息后，再以特定的程序发送适当的信息给其他电子电器产品。中央微处理机必须通过许多界面来控制家中的电器产品，这些界面可以是键盘，也可以是触摸式荧幕、按钮、计算机、电话机、遥控器等。消费者可发送信号至中央微处理机，或接收来自中央微处理机的信号。

家庭自动化是智能家居的一个重要系统，在智能家居刚出现时，家庭自动化甚至就等同于智能家居，今天它仍是智能家居的核心之一。但随着智能家居的普遍应用，网络家电/信息家电的成熟，家庭自动化的许多产品功能将融入这些新产品中去，从而使单纯的家庭自动化产品在系统设计中越来越少，其核心地位也将被家庭网络/家庭信息系统所代替。它将作为家庭网络中的控制网络部分在智能家居中发挥作用。

2. 家庭网络

家庭网络和纯粹的"家庭局域网"不是同一概念，家庭局域网或家庭内部网络是指连接家里的 PC、各种外设及与 Internet 互联的网络系统，它只是家庭网络的一个组成部分。家庭网络是在家庭范围内(可扩展至邻居、小区)将 PC、家电、安全系统、照明系统和广域网相连接的一种新技术。家庭网络采用的连接技术可以分为有线和无线两大类。有线技术主要包括双绞线或同轴电缆连接、电话线连接、电力线连接等，无线技术主要包括红外线连接、无线电连接、基于射频技术的连接和基于 PC 的无线连接等。

与传统的办公网络相比，家庭网络加入了很多家庭应用产品和系统，如家电设备、照明系统，因此相应技术标准也错综复杂，且其中牵涉网络厂家和家电厂家的利益。家庭网络的发展趋势是将智能家居中其他系统融合进去，最终成为一个系统。

3. 信息家电

信息家电是一种价格低廉、操作简便、实用性强、带有 PC 主要功能的家电产品。其是利用计算机、电信和电子技术与传统家电(如电冰箱、洗衣机、微波炉、录像机、音响、VCD、DVD 等)相结合的创新产品，是为数字化与网络技术深入家庭生活而设计的新型家用电器。信息家电包括 PC、机顶盒、HPC(High Performation Computing，高性能计算机)、DVD、超级 VCD、无线数据通信设备、视频游戏设备、IPTV、IP 电话等，所有能够通过网络系统交互信息的家电产品都可以称为信息家电。音频、视频和通信设备是信息家电的主要组成部分。另外，在传统家电的基础上将信息技术融入传统的家电中，可使其功能更加强大，使用更加简单实用，创造更高品质的生活环境。例如，模拟电视发展成数字电视，VCD 变成 DVD，电冰箱、洗衣机、微波炉等也将会变成数字化、网络化、智能化的信息家电。

9.1.2　智能家居的发展过程

智能家居作为一个新兴产业，目前处于成长期的初始点，市场消费观念还未形成。但随着智能家居市场推广普及的进一步落实，消费者使用习惯的培育，智能家居市场的消费潜力必然是巨大的，产业前景光明。正因如此，国内优秀的智能家居生产企业越来越重视对行业市场的研究，特别是对企业发展环境和客户需求趋势变化的深入研究，一大批国内优秀的智能家居品牌迅速崛起，逐渐成为智能家居产业中的翘楚。智能家居从最初的梦想，到今天真实地走进人们的生活，经历了一个艰难的过程。

智能家居在我国的发展经历了四个阶段，即萌芽期、开创期、徘徊期和融合演变期，目前正处于迅速增长期。

1. 萌芽期/智能小区期(1994—1999 年)

这是智能家居在中国的第一个发展阶段，整个行业还处在一个概念熟悉、产品认知阶段，这时没有出现专业的智能家居生产厂商，只有深圳一两家从事美国 X-10 智能家居代理销售的公司，从事进口零售业务，产品多销售给居住在国内的欧美用户。

2. 开创期(2000—2005 年)

这一时期，国内先后成立了 50 多家智能家居研发生产企业，主要集中在深圳、上海、天津、北京、杭州、厦门等地。智能家居的市场营销、技术培训体系逐渐完善，在此阶段，国外智能家居产品基本没有进入国内市场。

3. 徘徊期(2006—2010 年)

2005 年以后，由于上一阶段智能家居企业过分夸大智能家居的功能而实际上无法达到实际效果、厂商只顾发展代理商却忽略了对代理商的培训和扶持，导致代理商经营困难、产品不稳定导致用户高投诉率等，因此国内智能家居发展缓慢。正是在这一时期，国外智能家居品牌暗中布局进入了中国市场，目前活跃在市场上的国外主要智能家居品牌大多是在这一时期进入中国市场的，如罗格朗、霍尼韦尔、施耐德、Control4 等。在这种情况下，国内企业逐渐找到自己的发展方向，成为工业智能控制的厂家。

4. 融合演变期(2011—2020 年)

进入 2011 年以来，智能家居市场有了明显的增长势头，说明智能家居行业进入了一个拐点，由徘徊期进入了新一轮的融合演变期。随后，智能家居一方面进入一个相对快速的发展阶段，另一方面协议与技术标准开始主动互通和融合。在这一阶段，智能家居行业发展极为快速，智能家居作为一个承接平台成为发展的目标。这一阶段国内诞生了多家年销售额上百亿元的智能家居企业。

5. 迅速增长期

进入 2014 年以来，各大厂商已开始布局智能家居。尽管从产业来看业内还没有特别成功的案例显现，这预示着行业发展仍处于探索阶段，但越来越多的厂商开始介入和参与已使外界意识到智能家居未来已不可逆转。

截至目前，已经有一大批智能设备生产厂商和物联网服务平台，为智能家居的发展奠定了基础。随着物联网的不断成熟，绝大多数设备均能互联互通。在未来，智能化将会进入社会生活的方方面面，而以物联网为基础的智能家居将遍及每个家庭。

9.1.3　智能家居的主要企业

1. 国内企业

1) 百度

2018 年 6 月，百度云智能物联峰会在深圳召开，预示着百度云 ABC+IoT 赋能物联网行业落地。其中，百度云 ABC 是指百度云"人工智能+大数据+云计算"三位一体战略。在峰会现场，百度云发布了三大 IoT 解决方案，集中展示了 21 项核心 IoT 技术，300 多家合作伙伴组成了庞大生态体系；同时，推出更安全、更智能的 IoT。百度云希望从连接做起，向智能迈进，利用先进的 ABC+IoT 技术，为汽车、智能家居、煤矿、建筑、医疗等诸多领域提供解决方案，开启万物互联时代，走向万物智能时代。

百度的多平台互接入功能是一大亮点，目前有天工、天算、天像、天智平台。天工(天工开物，万物互联)为物联网平台，天工平台涵盖了物接入、物解析、物可视、时序数据库等功能模块；天算是智能大数据平台，包含数据分析、数据存储、数据接入(支持天工的物接入)等服务；天像平台融合大数据和人工智能技术，引领直播、在线教育等行业走向智能化，同时借助百度强大内容生态资源，助力企业业务增长；天智平台是百度公司基于百度云的人工智能应用平台，由三个部分组成，分别是感知平台、机器学习平台与深度学习平台。

2) 阿里巴巴

2018 年，阿里巴巴集团全面进军物联网。2018 年 3 月，阿里巴巴集团宣布物联网成为继电商、云计算、金融、物流之后的第五大战略。阿里巴巴公司还表示，阿里云计划在未来五年内连接 100 亿台设备。同年 4 月，阿里云宣布基于 LoRa 器件与无线射频技术的物联网平台已开始试商用。同年 7 月，阿里云与西门子正式达成合作，希望借助"工业 4.0"和工业互联网助力中国制造业转型升级，并且双方共同助力工业物联网的发展。

3) 腾讯

腾讯把重点都放在 LoRaWAN 技术和应用方面的相关投资上。2018 年 7 月，腾讯宣布计划与合作伙伴在深圳共同建立一个 LoRaWAN 网络。马化腾也提出了"三张网"概念，即人+物联网+智能网，希望在大数据时代，基于大连接基础上，平台不断完善，为城市、金融、医疗、零售和工业等提供智慧解决方案，借助云平台实现实体零售店的人、货、场的数字化升级。

4) 华为

华为发布了全新的智能家居品牌华为智选，基于 HiLink 生态开放体系，与产业链伙伴共同为消费者构筑智能家居品质生活。继手机以后，智能家居成为华为消费者新的业务方向。

5) 小米

中国移动与小米在北京举行战略合作协议签约仪式，双方将基于已建立的良好合作关系，共同探索未来新兴业务领域的发展机遇，并将根据双方的战略布局、资源及能力优势，在联合营销、渠道转型、智能硬件、政企业务、境外服务，以及产业投资等多个方面开展战略合作。双方将通过推动两大生态的协同合作，实现中国移动用户、网络、渠道、品牌等产业资源与小米集团智能硬件产业链的优势互补，共同拓展 5G、物联网等蓝海市场。

2. 国外企业

目前各国智能家居现状各不相同，下面简述几个有代表性的国家的智能家居的发展现状。

1) 西班牙

西班牙是一个艺术氛围浓厚的国家，其住宅楼的外观大多是典型的欧洲传统风格。但当走进它的时候，才会发现智能化家居的设计的确与众不同。当室内自然光充足时，带有感应功能的日光灯会自动熄灭，减少能源消耗；安放在屋顶上的天气感应器能够随时得到气候、温度数据，在下雨时会自动关闭草地洒水喷头和水池。

2) 韩国

韩国的智能家居发展得非常好，这与其先进的电子技术是分不开的，同时也要归功于政府对智能小区和智能家居的政策扶持。韩国政府之所以大力扶持智能家居，除了提高民众的生活水平之外，更重要的是智能家居能够有效减少犯罪率，提高家庭与社会之间的信息流通速度，对政府的管理有很大益处。韩国政府规定在汉城等大城市的新建小区必须具有智能家居系统这一子项，因此韩国产生了如三星、LG 等知名的智能家居品牌。目前韩国智能家居能够让主人在任何时间、任何地点操作家里的任何用具，获得任何服务。

3) 日本

日本也是一个智能化家居比较发达的国家，除了实现室内的家用电器自动化联网之外，还通过生物认证实现了自动门识别系统。人站在安装于入口处的摄像机前，大约 1 s 的时间，如果确认来人为公寓居民，大门就会自动打开。日本室内、室外全是智能家居，如智能马桶等产品在日本也早已普及。

4) 美国

美国由于居住环境多以别墅、独体式房屋为主，因此智能家居发展侧重信息网络的联通、家庭娱乐的控制等方面。同时，智能家居技术的不断创新与推广使得美国智能家居的单价有所下降，有效促进了智能家居设备的推广。

美国是全球住宅自动化系统和设备最大的市场，目前智能家居产业发展较为成熟，市场也已经初具规模，产业链完整。数据显示，美国作为全球智能家居市场规模最大和普及率最高的国家，未来随着智能家居行业的发展，家庭应用将会进一步普及，预计每年智能家居的市场消费将超过 200 亿美元。

总体来看，美国智能家居行业也进入快速发展阶段。快速发展阶段主要以智能控制产品为主要标志，智能家居业务普及，可进行个性化定制服务。

9.1.4　智能家居系统组成

本小节以北京博创智联科技公司(以下简称博创公司)的智能家居系统为例，介绍智能家居的主要技术和系统组成。

1. 主要技术

对于家庭来说，ZigBee 依然是首要选择，因为其低成本、功耗低、不依赖外部网络，且实时性强。由于 ZigBee 只能和 ZigBee 通信，传输距离有限，因此博创公司专为智能家居做了一个网关，可以实现远程访问与控制。该网关以 NXP 的 i.MX6 为核心，通过天工平台，将智能家居简单化。

天工平台包含物接入、物可视、时序数据库、物解析、规则引擎、智能边缘、天工物联卡、函谷物联安全系统、度行·智能车辆云、位置服务、时序洞察、天工通用功能模块，对于简单的智能家居来说，只需要物接入、规则引擎、时序数据库和物可视即可。使用物接入功能，将博创公司的智能家居接入天工平台，将数据存储到时序数据库中，通过物可视功能将数据直观地展现出来。智能家居系统结构如图9.1所示。

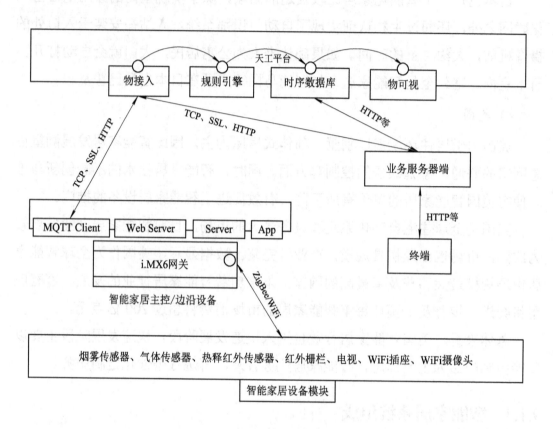

图9.1　智能家居系统结构

智能家居设备模块采用 ZigBee+传感器的方式，实现家庭内无线通信。传感器节点数据汇聚到 i.MX6 网关，在网关上实时显示当前的传感器信息，提供操作控制的 UI。网关通过 MQTT Client 对接物接入接口，将传感器、控制设备等推送到天工平台。编辑规则引擎，将数据存储到时序数据库中。使用物可视功能，从时序数据库中提取特定的数据，以图表形式展示智能家居模块的传感器数据。业务服务器为企业、学校或者个人的服务器，用于存储智能家居模块数据信息和管理终端设备，也为终端设备提供数据服务。终端为手机 App、PC 等最终用户可操控的设备。

2. 系统组成

本案例中的智能家居结合了嵌入式 Android、ZigBee 和传感器技术。智能家居系统主要包括控制器和外围设备两大部分。其中，控制器以 NXP 的 i.MX6 为核心，搭载 Android 操作系统作为网关；外围设备主要是传感器、控制性设备、视频监控设备，均采用无线方式，方便布线，终端节点采用 ZigBee 采集传感器数据。该案例实现了本地控制以及通过天工平台远程控制两大方式。智能家居系统总体功能框图如图 9.2 所示。

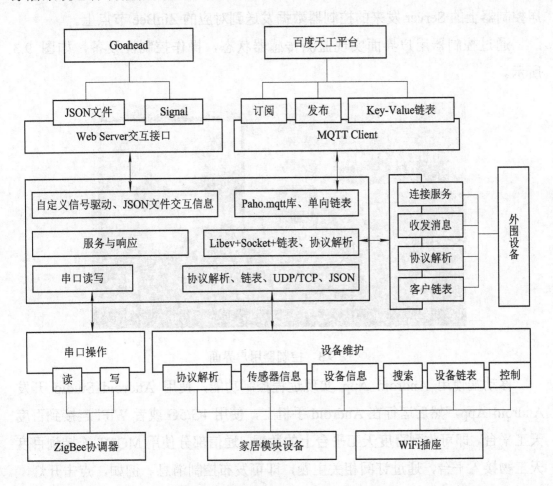

图 9.2　智能家居系统总体功能框图

网关主要实现对下与 ZigBee、WiFi 插座交互，对上与客户端、天工平台交互。图 9.2 所示的系统设计中，主要实现对下与 ZigBee、WiFi 交互；对上与客户端、天工平台交互；同时通过发送信号，以共享文件的方式实现水平交互。从上到下，数据由串口读入，将处理后的数据发送给 Web Server、天工平台、客户端。天工平台、Web Server、客户端的命令信息经过处理后通过串口写入，交付给 ZigBee 模块。

　　智能家居设备模块以 ZigBee 网络为中心，ZigBee 终端节点采集传感器上的传感器数据，并控制继电器、电动机、LED 等实现智能家居系统。ZigBee 网络以 ZigBee 协调器为中心，ZigBee 协调器通过 UART(Universal Asynchronous Receiver/Transmitter，通用异步收发传输器)串口与智能家居控制器连接，将各个节点采集到的传感器数据通过串口发送给智能家居控制器；同时，将智能家居控制器上的 Server 发来的控制器数据发送到对应的 ZigBee 节点上。

　　通过控制器用户界面实现监测传感器状态，操作控制性设备，如图 9.3 所示。

图 9.3　控制器用户界面

　　移动端使用 Android App 实现远程控制功能，使用 Android Studio 开发 Android App，然后运行在 Android 手机上，使用 4G/5G 或者 WiFi 连接到百度天工平台，即可收到百度天工平台上的数据；通信部分使用 MQTT 连接到百度天工物接入平台，通过订阅相关主题，即可发布控制消息。例如，点击开灯，即可远程点亮 ZigBee 节点上的 LED 灯。其具体实现原理为 Android 手机 App 编写程序，在程序启动时连接到百度天工平台，当用户点击开灯按钮时，按钮的具体实现为向天工平台发送指定字符串或 JSON 数据，由智能家居控制器上的 Server 程序接收判断数据，发送 ZigBee 数据，控制 LED 灯亮灭。远程手机控制界面如图 9.4 所示。

图 9.4　远程手机控制界面

本案例中的智能家居系统主要实现以下功能：采用 ZigBee 模组，实现控制照明灯；窗帘控制系统；门锁控制系统；温湿度监测系统；烟雾检测系统；天然气检测系统；水浸检测系统；入侵报警系统；入侵监测系统；震动监测系统；家电控制系统；实现电视、空调等的控制等。

9.2　智能交通系统

9.2.1　智能交通系统概述

1. 智能交通系统

智能交通系统(Intelligent Transportation Systems，ITS)是将先进的电子、信息、传感与检测、自动控制、系统工程等技术综合运用于地面交通，建立起的安全、实时、准确、高效的地面运输系统。其实质是利用高新技术改造传统运输系统而形成的一种信息化、自动化、智能化、社会化的新型运输系统。

智能交通系统也称为交通物联网，可以实现交通工具全程追踪，保证运输的安全，实现城市交通的智能化管理、车辆自动获得更丰富的路况信息、自动驾驶等。

在现实生活中已可见智能交通系统的具体应用，如高速公路不停车电子收费、智能公交系统、移动应急指挥与调度、交警移动执法、机动车违章行驶监测、电子口岸、车载防盗系统等。但这些仅是物联网的雏形，还尚未形成一个庞大的网络。可以想象，在未来，通过车车相连、人车相连、车路相连的庞大网络实现智能交通，从而解决交通拥堵、环境污染和安全事故等问题。

2. 智能交通系统的主要内容

1) 交通管理系统

交通管理系统包括城市交通控制系统、高速公路管理系统、应急管理系统、公交优先系统、不停车自动收费系统、需求管理系统等。

2) 出行信息系统

出行信息系统向出行者提供当前交通和道路状况信息等，以帮助出行者选择出行方式、出行时间和出行路线；还可为出行者提供准确实时的地铁、轻轨和公共汽车等公共交通的服务信息。

3) 公共运输系统

公共运输系统包括车辆定位、客运量自动检测、行驶信息服务、自动调度、电子车票、需求响应等系统。公共运输系统可利用 GPS 和移动通信网对公共车辆进行定位监控和调度、采用 IC 卡进行客运量检测和公交出行收费等。

4) 商用车辆运营系统

商用车辆运营系统主要针对货运和远程客运企业，目的是提高运营效率和安全性。商用车辆运营系统利用卫星、路边信号标杆、电子地图、车辆自动定位与识别、自动分类与称重等设备与技术对运营车辆进行调度管理，掌握车辆的位置、货物负荷、移动路径等信息。

5) 车辆控制和安全系统

车辆控制和安全系统包括事故规避、监测调控等系统，使车辆具有道路障碍自动识别、自动报警、自动转向、自动制动、自动保持安全车距和车速等功能。车辆控制和安全系统可向驾驶员提供车体周围的必要信息，可发出预警，并可自动采取措施防止事故的发生。

6) 自动化公路系统

自动化公路系统是智能车辆控制系统和智能道路系统的集成，可使车辆自动与智能交通设施及周围车辆相互配合，以控制车辆的速度、方向和位置，使驾驶员更轻松、更安全地驾驶车辆。在未来的高速公路上，甚至可以实现车辆完全自动驾驶。

9.2.2 城市智能交通系统

本智能交通系统案例以博创公司开发的智能交通实验平台为基础。该公司的主要技术以 X86、ARM、FPGA、VxWorks、Linux、Android、WinCE、μC/OS 为系统软、硬件内核，结合 3G、GPRS、ZigBee、RFID 及传感器等技术，成功推出了车联网、智能家居系统、车载计算机系统、车床数控系统等多套解决方案，在国内建立了上千个嵌入式及物联网系统实验室。

智能交通系统中获取数据是重要的第一步。通过传感器，交通管理者可以实时获取路况信息，帮助监控和控制交通流量。通过在车内安装 GPS 终端机及射频标签，交通参与者可以随时与周围的信息源进行交换，从而获得有效的交通信息，指引车辆更改路线或优化行程。从某种意义上来说，智能交通即物联网技术在交通领域的应用。

城市智能交通系统是面向全市的交通数据监测、交通信号灯控制与交通诱导的计算机控制系统，能实现区域或整个城市交通监控系统的统一控制、协调和管理，在结构上可分为一个指挥中心信息集成平台以及交通管理自动化、信号控制、视频监控、信息采集及传输和处理、GPS 车辆定位等多个子系统。城市智能交通系统结构如图 9.5 所示。

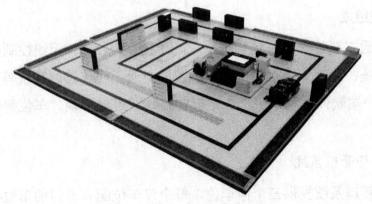

图 9.5 城市智能交通系统结构

9.2.3　智能交通系统组成

1. 关键技术

物联网的核心是对信息数据的采集和处理。智能交通系统的关键技术是如何实现车与路、车与车之间的信息交换与互动，其中无线通信技术是关键因素之一。

目前在汽车定位、通信及收费领域应用较多的是 DSRC(Dedicated Short Range Communication，短程通信)以及 VPS(Vehicle Positioning System，车辆定位系统)技术。DSRC 是一种微波技术，主要应用在电子道路收费方面；而 VPS 是一种 GPS + GSM 技术，在汽车导航、求助及语音通信方面有着较广泛的应用。

另外，红外线及超声波技术也是使用广泛、简便环保的技术。其他的智能交通系统核心技术还包括 RFID 装置、视频检测器、地磁感应器、无线传感器、GPS、互联网与无线通信、行业应用软件等。

从技术层面，我国推动智能交通系统发展的重点技术如下：

(1) DSRC 技术。

(2) 车辆运行状态检测技术。

(3) 基础设施及环境性能检测技术。

(4) 辅助驾驶技术。

(5) 新一代交通控制系统。

2. 系统组成

智能交通主要包含停车场管理系统(智能泊车系统)、无线控制闸机系统、红外测速系统、公交车站点播报系统、智能交通无线传感网系统等。配套远程 Android 客户端软件，利用手机、平板电脑等即可对车辆、车位等信息进行查询和监控。

1) 停车场管理系统

停车场管理系统提供三个停车位，每个停车位配有专门的车位检测系统，车辆可动态演示停车过程，包括驶入、定点停车、驶出过程。该系统实时监测停车位变化信息，并通过 LED 系统显示车位使用情况，使用远程移动终端可提前查看、预约车位。智能交通系统主界面如图 9.6 所示。停车场管理系统如图 10.7 所示。

图 9.6　智能交通系统主界面

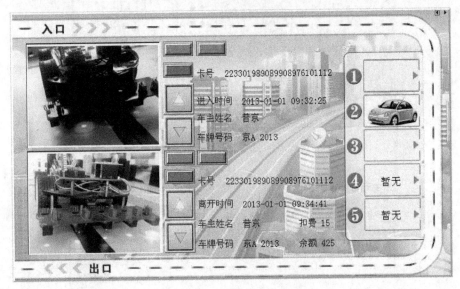

图 9.7　停车场管理系统

2) 无线控制闸机系统

车辆到达停车场闸机口，道路一旁的读写器自动读取车辆详细信息，摄像头抓拍到图像信息后抬杆放行。

3) 红外测速系统

道路两旁安装有红外测速传感器，监测过往车辆的车速数据，并将数据发送至交通控制中心。

4) 公交车站点播报系统

智能交通系统配备四个公交停靠站点，每个站点下方植入 RFID 读卡器，智能公交车通过 RFID 读卡器自动刷卡靠站停车，同时使用语音方式播放站点信息。

5) 智能交通无线传感网系统

采用先进的 ZigBee 无线传感网，无缝衔接实体交通沙盘中各个场景模块，包括公交站点、停车位、红外测速、停车场出入闸机等，结合交通控制中心平台对整个交通系统进行综合信息处理与决策，如图 9.8 和图 9.9 所示。

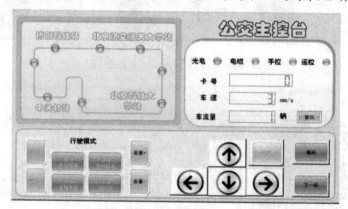

图 9.8　公交运行控制系统

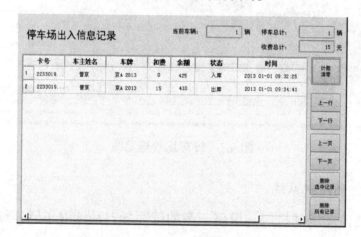

图 9.9　停车场出入信息

6) 车辆调度控制系统

智能车辆支持寻迹、避障和无线控制，交通控制中心可远程控制车辆行驶并监测车辆状态。系统运行界面如图 9.10 和图 9.11 所示。

	节点ID	节点功能	网络地址	功能状态	在线状态
1	0	网络控制器	0000	正常	在线
2	1	入口闸机	1	关闭	在线
3	2	出口闸机	143e	关闭	在线
4	3	泊车位-01	23e8	空闲	在线
5	4	泊车位-02	23e9	空闲	在线
6	5	泊车位-03	27d3	空闲	在线
7	6	公交站-01	26b8	正常	在线
8	7	公交站-02	21b5	正常	在线
9	8	公交站-03	21b4	正常	在线
10	9	公交站-04	22ce	正常	在线
11	10	红外测速	21b3	-274027	在线
12	11	线路控制	3cb8	未检测	在线

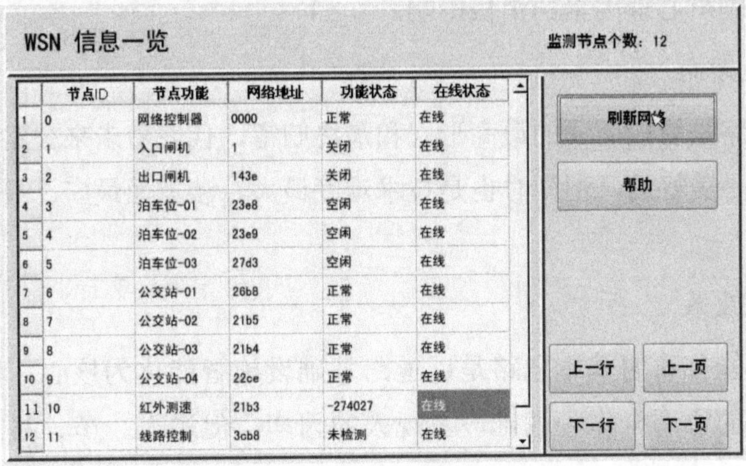

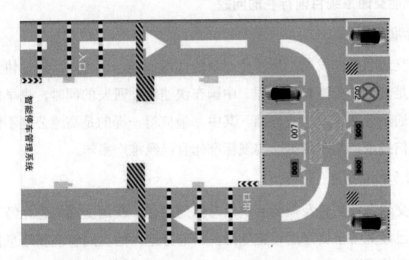

图 9.10　WSN 信息一览

图 9.11　Android 客户端软件

9.2.4　智能交通系统的优点及目前存在的问题

1. 智能交通系统的优点

1) 提高出行效率

智能交通系统可显著提高公路的通行能力和服务水平，使车流量增大 2～3

倍，行车时间缩短 35%～50%。

2) 提高安全性

智能交通系统可以大大提高安全性，预防和避免交通事故，降低并排除人为错误及驾驶员心理因素的消极影响。

3) 发展方向

智能公路是智能交通的最高形式和最终归宿，代表着未来公路交通的发展方向，前景是美好的，但同时也是技术难度最大、涉及面最广、最具挑战性的领域。

4) 协调发展

发展智能公路的基本思路是以道路基础设施智能化为核心，以公路智能与车载智能的协调合作为基础，重视人的因素，促进人、车、路三位一体协调发展。

2. 智能交通系统目前存在的问题

1) 标准问题

智能交通系统的发展必然涉及通信的技术标准，而各层次通信协议标准如何统一则是一个十分漫长的过程。中国在快速增强研发的同时，也早已开始打造智能交通系统的本土产业标准。其中，最值得一提的是高速公路不停车收费的短程通信技术，其在我国已实现标准化且已经推广多年。

2) 信息孤岛问题

智能交通系统的普及需要解决信息孤岛问题。我国交通信息化经过十多年的建设，已经具备了良好的设施基础，一部分地区的交通管理和信息化程度都达到了很高的标准。但由于部门职权分散、政出多门，不可避免地造成了行政及行业信息孤岛。若要实现人、车、路协同的目的，需消除孤岛，融合信息。

3) 产业化问题

物联网的产业化必然需要芯片商、传感设备商、系统解决方案商、移动运营商上下游厂商的通力配合，而在各方利益机制及商业模式尚未成型的背景下，智能交通系统的普及仍很漫长。物联网时代，多行业融合变得愈发重要，技术融合以及产业融合需要同步进行。目前亟须多行业联合打造城市交通物联网的示范工程，整合产业链的上下游。

9.3　智能农业系统

9.3.1　智能农业系统概述

智能农业系统通过布设于农田、温室、园林等目标区域的大量传感节点，实时收集温度、湿度、光照、气体浓度以及土壤水分、电导率等信息，通过智能网关、通信系统和网络系统将数据汇总到中央控制系统。生产管理人员可通过监测数据对环境进行分析，从而有针对性地投放农业生产资料，并根据需要调动各种设备进行调温、调光、换气等动作，实现对农业生长环境的智能控制。

智能农业系统的主要系统如下。

1. 监控功能系统

根据无线网络获取植物生长环境信息，如土壤水分、土壤温度、空气温度、空气湿度、光照强度、植物养分含量等参数；其他参数也可以选配，如土壤中的 pH 值、电导率等。收集信息，负责接收无线传感汇聚节点发来的数据，存储、显示和管理数据，实现所有基地测试点信息的获取、管理、动态显示和分析处理，以直观的图表和曲线方式显示给用户，并根据以上各类信息的反馈对农业园区进行自动灌溉、自动降温、自动卷模、自动液体肥料施肥、自动喷药等自动控制。

2. 监测功能系统

在农业园区内实现自动信息检测与控制，通过为太阳能供电系统、信息采集和信息路由设备配备无线传感传输系统，每个基点配置无线传感节点，每个无线传感节点可监测土壤水分、土壤温度、空气温度、空气湿度、光照强度、植物养分含量等参数，根据种植作物的需求提供各种声光报警信息和短信报警信息。

3. 实时图像与视频监控系统

农业物联网是实现农业作物与环境、土壤及肥力间的物与物数据相连的关系网络，通过多维信息与多层次处理实现农作物的最佳生长环境调理及管理。但是，作为管理农业生产的人员，仅仅数值化的物物数据并不能完全反映作物最佳的生长条件，而视频与图像监控为物与物之间的关联提供了更直观的表达方式。

9.3.2　智能农业系统组成与功能介绍

智能农业系统采用全封闭模式，形成独立的农业循环系统，主要由农业大棚结构体、智能网关、传感器节点(如温湿度、风速、雨雪、光照、CO_2浓度传感器等)、控制系统(如电动窗控制器、加热器、风扇、植物生长灯等)等部分构成，如图 9.12 所示。

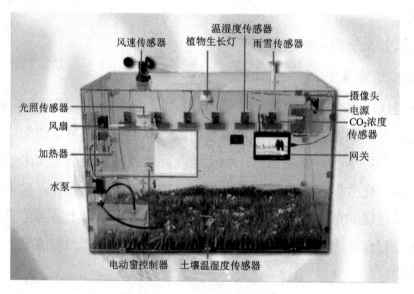

图 9.12　智能农业系统

智能农业系统的主要功能如下：自动调节温度、湿度、风速、CO_2浓度等各项指数；采用 ARM(Advanced RISC Machines)控制端和 PC 机控制端软件对农业系统进行调控，用户可以根据自身需要设置基本环境参数；系统采用远程监控模式，随时可以通过上位机软件对农业大棚进行远程监控与控制，对指数超标的环境参数可以进行报警消息处理，使用户可以更方便地了解与控制农业大棚中的环境状况；集成植物光合作用控制、气象监测与控制、室内温湿度及土壤温湿度控制、传感器信息联网查询、视频监控等多个界面功能，综合了目前大多数农业系统典型案例。

1. 实时监测与控制

智能农业系统主界面可以实时采集各个传感器数据并实时显示，如图 9.13 所示；环境参数设置界面可以设置参数，如图 9.14 所示。当系统启动自动调节功能后，可以完成诸如当风速过大或雨雪时自动关窗、土壤干旱自动灌溉等功能。

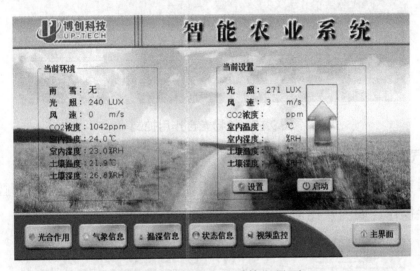

图 9.13　智能农业系统主界面

图 9.14　智能农业系统环境参数设置界面

2. 植物光合作用控制

通过控制灯光对植物生长进行补光，棚内的 CO_2 浓度也可通过控制换气扇来调节，如图9.15所示。

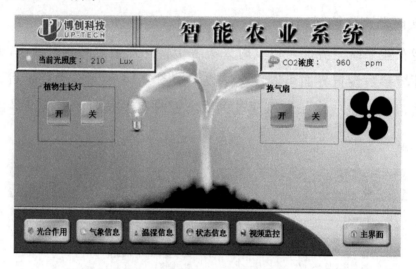

图9.15　植物光合作用控制

3. 气象监测与控制

实时获取室外的环境状态，对风、雨、雪进行实时监测，同时可控制大棚门窗开关操作，如图9.16所示。

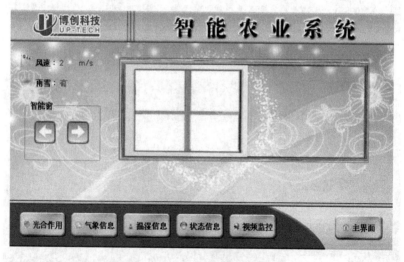

图9.16　气象监测与控制

4. 室内温湿度及土壤温湿度控制

该部分主要包括温控系统和灌溉系统两部分，工作人员可通过观察实时温湿度及土壤温湿度情况对棚内环境进行手动控制，如图 9.17 所示。

图 9.17　室内温湿度及土壤温湿度控制

5. 传感器信息查询

该功能可使用户通过视图和表格观察大棚内各个传感器节点的工作状态，有利于用户进行故障检测，如图 9.18 所示。

图 9.18　传感器信息查询

6. 视频监控

用户通过视频监控可以在室外实时观察到大棚内的传感器节点、环境、农作物生长情况，如图 9.19 所示。

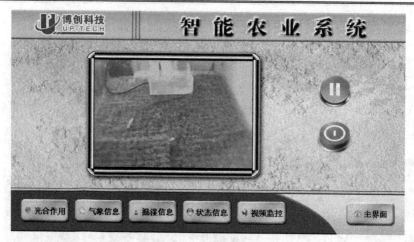

图 9.19　视频监控

7. PC 客户端远程访问与控制

通过 PC 上位机软件实时采集温室内的空气温湿度、CO_2 浓度、土壤温湿度、光照强度、雨雪天气、风速等气象环境数据，并通过电动水泵、加热器、植物生长灯、换气风扇、电动窗等执行器节点对农业大棚的气象环境数据进行控制调节；也可通过 PC 上位机软件设置农业大棚里的各项环境参数，实现农业大棚无人自动环境调控功能，如图 9.20 所示。

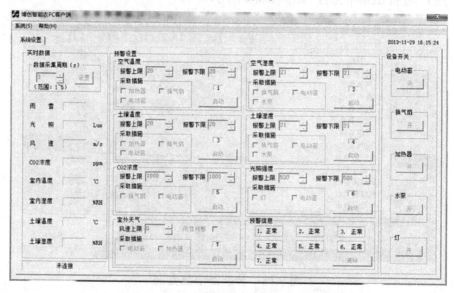

图 9.20　PC 客户端远程访问与控制

智能农业系统可以提升农业生产效率。如果能把数据和自动控制结合起来，不仅可以发现问题，还能帮助农户直接解决实际问题，将极大地改变我国农业现状，推动智能农业在我国的普及应用。

9.4　智能医疗系统

9.4.1　智能医疗系统概述

智能医疗通过打造健康档案区域医疗信息平台，利用物联网技术，实现患者与医务人员、医疗机构、医疗设备之间的互动，逐步达到信息化。近年来医疗行业融入更多人工智能、传感技术等高科技，使医疗服务走向真正意义的智能化，推动医疗事业的繁荣发展。

随着人们生活水平的不断提高，人均寿命延长，出生率下降，人们对健康的关注越来越高，因此现代社会中人们需要更好的医疗系统，于是远程医疗、电子医疗(E-Health)应运而生。随着物联网与人工智能技术的发展，嵌入式系统的智能化技术设备日益完善，可以构建完整的物联网医疗体系，使全民平等地享受优越的医疗服务，减少由于医疗资源缺乏导致的看病难、事故频发等现象。

将物联网技术用于医疗领域，借由数字化、可视化模式，可使有限的医疗资源让更多人共享。从目前医疗信息化的发展来看，随着医疗卫生社区化、保健化的发展趋势日益明显，通过射频仪器等相关终端设备在家庭中进行体征信息的实时跟踪与监控，通过有效的物联网，可以实现医院对患者或者是亚健康病人的实时诊断与健康提醒，从而有效地减少和控制病患的发生与发展。此外，物联网技术在药品管理和用药环节的应用过程中也将发挥巨大作用。

智能医疗由三部分组成，即智能医院系统、区域卫生系统和家庭健康系统。

1. 智能医院系统

智能医院系统由数字医院和提升应用两部分组成。

数字医院包括医院信息系统(Hospital Information System，HIS)、实验室信息管理系统(Laboratory Information Management System，LIMS)、医学影像信息的存储系统和传输系统(Picture Archiving and Communication Systems，PACS)以及医生工作站四个部分，可实现病人诊疗信息和行政管理信息的收集、存储、处理、提取及数据交换。

提升应用包括远程图像传输、大量数据计算处理等技术在数字医院建设过程的应用，可实现医疗服务水平的提升，如远程探视、远程会诊、自动报警、临床决策、智慧处方等。

2. 区域卫生系统

区域卫生系统由区域卫生平台和公共卫生系统两部分组成。

区域卫生平台收集、处理、传输来自社区、医院、医疗科研机构、卫生监管部门记录的所有信息。例如，社区医疗服务系统提供一般疾病的基本治疗、慢性病的社区护理、大病向上转诊、接收恢复转诊的服务等，科研机构管理系统对医学院、药品研究所等医疗卫生机构的病理研究、药品与设备开发、临床试验等进行综合管理。

公共卫生系统由卫生监督管理系统和疫情发布控制系统组成。

3. 家庭健康系统

家庭健康系统包括针对行动不便无法送往医院进行救治病患的视讯医疗，对慢性病以及老幼病患的远程照护，对智障、残疾、传染病等特殊人群的健康监测，还包括自动提示用药时间、服用禁忌、剩余药量等的智能服药系统。

9.4.2　智能医疗系统组成

智能医疗系统包括基础环境、基础数据库群、软件基础平台及数据交换平台等。

(1) 基础环境：通过建设公共卫生专网，实现与政府信息网的互联互通；通过建设卫生数据中心，为卫生基础数据和各种应用系统提供安全保障。

(2) 基础数据库群：包括药品目录数据库、居民健康档案数据库、PACS 影像数据库、LIMS 检验数据库、医疗人员数据库、医疗设备数据库等卫生领域的六大基础数据库。

(3) 软件基础平台及数据交换平台：① 提供基础架构服务，包括虚拟优化服务器、存储服务器及网络资源；② 提供平台服务和优化的中间件，包括应用服务器、数据库服务器、门户服务器等；③ 提供软件服务，包括应用、流程和信息服务。

1. 系统主要功能

下面以博创公司开发的远程医疗系统为例介绍智能医疗系统的组成(见图9.21 和图 9.22)。其主要组成模块包括：① 便携式监护检测模块，可以监护心电、血氧、血压、体温、脉搏，使用方便、快捷；② 监护模块，可以安放在家庭、公共场所等地方，便于使用者随时检测。

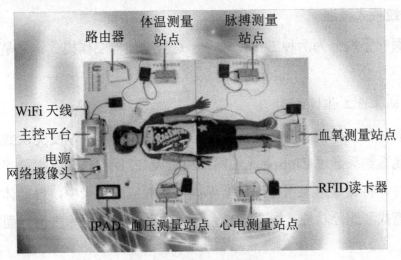

图 9.21　远程医疗系统模块

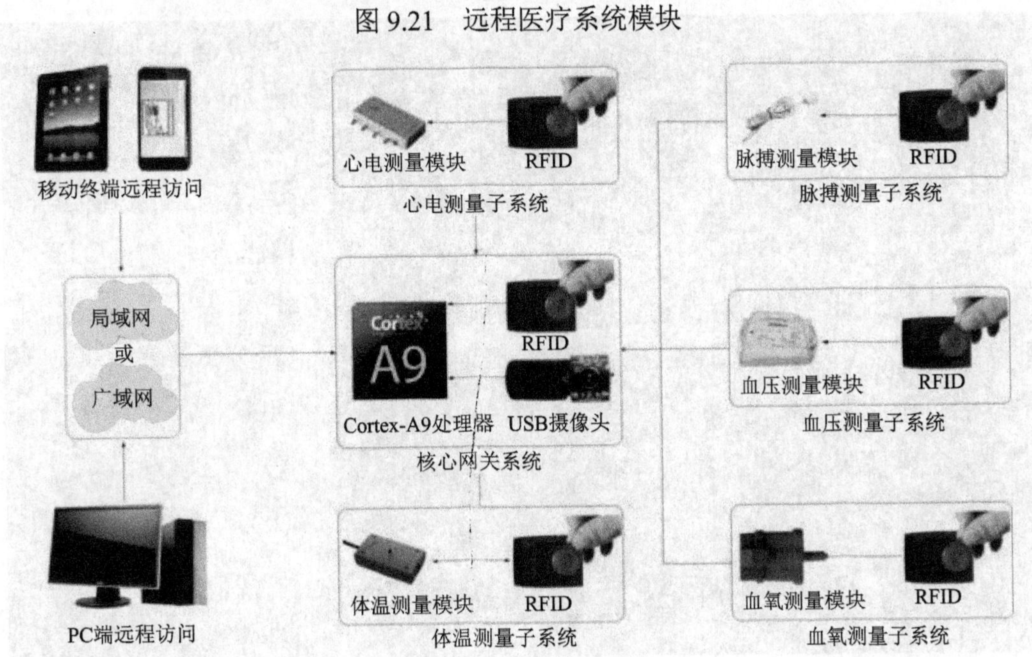

图 9.22　远程医疗系统结构

远程医疗系统采用 ZigBee 和 WiFi 两套无线组网模式，合理利用网络进行数据传输；配套内嵌式数据库，将测量者信息合理保存，并上传至远程医疗中心服务器；采用远程监护模式，利用手机、计算机等进行动态实时监控，并将视频信息上传至医疗中心。

远程医疗系统采用四核 Cortex-A9 处理器，性能强大，占地空间小，便于基础社区和家庭推广。

2. 系统模式概述

远程医疗系统分为两种工作模式，一是自助体检工作模式，二是护士站工作模式。

1) 自助体检工作模式

在自助体检工作模式下，体检人只需刷卡登记，即可享受无次数限制的体检测量。测量结果通过 ZigBee 无线网络或者 WiFi 网络传输到主控平台并显示出来。同时，将测量结果保存到数据库该卡号对应的记录中，自助体检数据库界面提供查找和删除功能，如图 9.23 所示。自助体检数据库查询界面如图 9.24 所示。

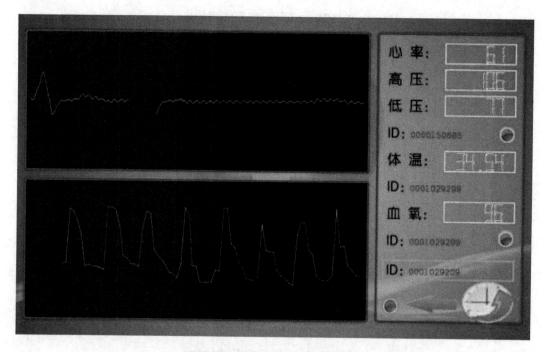

图 9.23　自助体检数据库界面

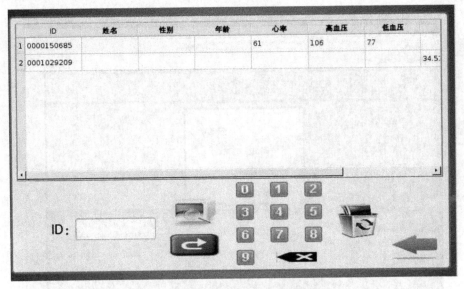

	ID	姓名	性别	年龄	心率	高血压	低血压	
1	0000150685				61	106	77	
2	0001029209							34.5?

ID:

图 9.24 自助体检数据库查询界面

2) 护士站工作模式

护士站工作模式如图 9.25 所示。各个测量仪将测量的数据实时地传输到主控平台并显示出来。主控平台配置了网络摄像头，通过互联网、手机等移动终端，人们无须进入病房即可通过网页看到病人(见图 9.26)，极大地方便了病人亲属探视，同时也使病人有更多安静的休养空间。

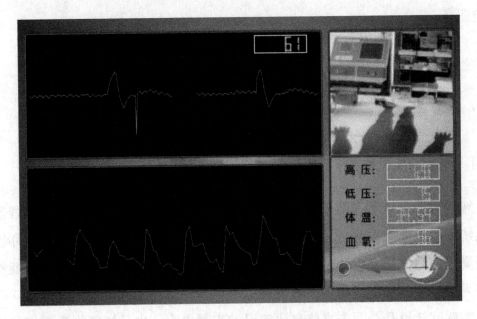

图 9.25 护士站工作模式

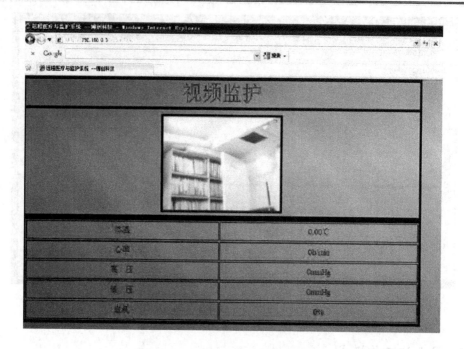

图 9.26　PC 端远程登录界面

随着移动互联网与物联网技术的融合与发展，未来智能医疗向个性化、智能化方向发展。借助智能手持终端和传感器，可有效地测量和传输健康数据，使得医疗行业完全有条件、有能力应用最新的高新科技成果，带领全行业步入一个新的台阶，提供最先进最及时的医疗服务，真正高效地为人类服务。

9.5　智能物流仓储系统

9.5.1　智能物流系统概述

智能物流系统是以电子商务方式运作的现代物流服务体系。其通过智能交通系统和相关信息技术实现物流作业的实时信息采集，并在一个集成的环境下对采集的信息进行分析和处理。通过在各个物流环节中的信息传输，智能物流系统为物流服务提供商和客户提供详尽的信息和咨询服务。

物联网建设是企业未来信息化建设的重要内容，也是智能物流系统形成的重要组成部分。智能物流系统构建应注意以下问题。

1. 基础数据库

建立内容全面丰富、科学准确、更新及时且能够实现共享的信息数据库是企业信息化建设和智能物流的基础。尤其是在数据采集挖掘、商业智能方面，更要做好功课，对数据采集、跟踪分析进行建模，为智能物流的关键应用打好基础。

2. 业务流程优化

企业传统物流业务流程信息传递迟缓，运行时间长，部门之间协调性差，组织缺乏柔性，制约了智能物流建设的步伐。企业尤其是物流企业需要坚持从客户利益和资源节约的角度出发，运用现代信息技术和最新管理理论对原有业务流程进行优化和再造。

3. 信息跟踪系统

信息跟踪系统是智能物流系统的重要组成部分。物流信息采集系统主要由 RFID 系统和 Savant 系统(亦称传感器数据处理中心)组成。每当识读器扫描到一个 EPC 标签所承载的物品信息时，收集到的数据将传递到整个 Savant 系统，为企业产品物流跟踪系统提供数据来源，从而实现物流作业的无纸化。

物流跟踪系统以 Savant 系统为支撑，主要包括对象名解析服务和实体标记语言、产品生产、物流跟踪、产品存储、产品运输、产品销售等，以保证产品流通安全，提高物流效率。

4. 智能管理

(1) 车辆调度。智能物流系统提供送货派车管理、安检记录等功能，对配备车辆实行灵活的订单装载。

(2) 车辆管理。管理员可以新增、修改、删除、查询车辆信息，并且随时掌握每辆车的位置信息，监控车队的行驶轨迹，同时可避免车辆遇劫或丢失，并可设置车辆超速告警以及进出特定区域告警；监控司机、外勤人员实时位置信息以及查看历史轨迹；划定告警区域，进出相关区域都会有告警信息，并可设置电子签到，最终实现物流全过程可视化管理；实现车辆人员智能管理，同时控制系统还要做到高峰期车辆分流，避免车辆闲置。

5. 智能订单管理

智能物流就是要实现智能订单管理，一是让系统管理员接到客户发(取)货请求后，录入客户地址和联系方式等客户信息，管理员就可查询、派送该公司的订单；二是通过定位系统定位某个区域范围内的派送员，将订单任务指派给最合适的派送员，而派送员通过手机短信来接受任务和执行任务；三是系统要能提供条形码扫描和上传签名拍照功能，提高派送效率。

6. 多行业协作

要成功建设智能物流系统，还需要企业尤其是物流企业同科研院校、研究机构、非政府组织、各相关企业、IT 公司等通过签订协议结成资源共享、优势互补、风险共担、要素水平双向或多向流动的战略联盟。

7. 建立危机应对机制

智能物流的建设不仅要加强企业常态化管理，更要在物联网基础上建设智能监测系统、风险评估系统、应急响应系统和危机决策系统，有效应对火灾、洪水、极端天气、地震、泥石流等自然灾害，以及瘟疫、恐怖袭击等突发事件对智能物流建设的冲击，尽量避免或减少对客户单位、零售终端、消费者和各相关人员造成伤害和损失，实现物流企业健康有序地发展。

物流业应用较多的感知手段主要是 RFID 和 GPS 技术，随着物联网技术的不断发展，激光、卫星定位、全球定位、地理信息系统、智能交通、M2M 等多种技术也将更多地集成应用于现代物流领域，用于现代物流作业中的各种感知与操作。

9.5.2　智能仓储系统组成

本小节以江苏常州东方物流工程公司开发的智能仓储系统为例，介绍智能仓储系统组成。该公司多年来从事设计、生产各类货架系统工程，完成了数千个智能仓储项目，积累了丰富的经验，形成了各类货架的智能产品系列。

智能化仓库是物流仓储中出现的新概念。利用立体仓库设备可实现仓库高层合理化、存取自动化、操作简便化。智能化立体仓库主要由货架、巷道堆垛机、入(出)库工作台、自动运进(出)和操作控制系统等组成。货架是钢结构或钢筋混凝土结构的建筑物或结构体，货架内是标准尺寸的货位空间，巷道堆垛起重机穿行于货架之间的巷道中，完成存取货工作。管理系统采用 WCS(Warehouse Control System，仓库控制系统)进行控制。

1. 货架

货架是用于存储货物的钢结构或钢筋混凝土结构，主要有焊接式货架和组合式货架两种基本形式。图 9.27 所示为智能化货架。

图 9.27　智能化货架

2. 托盘(货箱)

托盘(货箱)是用于承载货物的器具，也称工位器具。图 9.28 所示为智能化托盘(货箱)。

图 9.28　智能化托盘(货箱)

3. 巷道堆垛机

巷道堆垛机(见图 9.29)是用于自动存取货物的设备，按结构形式分为单立柱和双立柱两种基本形式，按服务方式分为直道、弯道和转移车三种基本形式。

图 9.29　巷道堆垛机

4. 输送机系统

输送机系统(见图 9.30)是立体库的主要外围设备，负责将货物运送到巷道堆垛机或从巷道堆垛机将货物移走。输送机系统的种类非常多，常见的有轨道输送机、链条输送机、升降台、分配车、提升机、皮带机等。

图 9.30　智能化输送机系统

5. 智能导向小车

智能导向小车(Automated Guided Vehicle，AGV)(见图 9.31)是指装备有电磁或光学等自动导引装置，能够沿着规定的导引路径行驶，具有安全保护以及各种移载功能的运输车。其在工业应用中无须驾驶员搬运，以可充电蓄电池为动力来源。智能导向小车主要包括车辆、外围设备、现场部件以及固定控制系统，根据其导向方式可分为感应式智能导向小车和激光智能导向小车。

图 9.31 智能导向小车

6. 仓库控制系统

仓库控制系统主要用来驱动智能化立体仓储系统各设备的自动工作，采用现场总线方式作为控制模式。

7. 仓库管理系统

仓库管理系统(Warehouse Management System，WMS)是全智能化立体仓库系统的核心，可以与其他系统[如 ERP(Enterprise Resource Planning，企业资源计划)系统等]联网或集成，如图 9.32 所示。

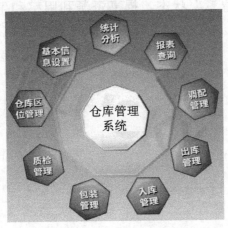

图 9.32 仓库管理系统

　　一般来说，智能化立体仓库包括入库暂存区、检验区、码垛区、储存区、出库暂存区、托盘暂存区、不合格品暂存区及杂物区等。智能化立体仓库可根据用户的工艺特点及要求来合理划分各区域和增减区域。同时，还要合理考虑物料的流程，使物料的流动畅通无阻，保证立体仓库的能力和效率。

　　传统仓库只是货物储存的场所，保存货物是其唯一功能，是一种"静态储存"。智能化立体仓库采用先进的自动化物料搬运设备，不仅能使货物在仓库内按需要自动存取，而且可以与仓库以外的生产环节进行有机连接，并通过物联网使智能仓储成为企业生产、物流中的一个重要环节，从而形成一个自动化的物流系统，是一种"动态储存"，也是当今自动化仓库发展的一个明显的技术趋势。

本 章 小 结

　　本章在前述物联网基础技术的基础上介绍了几个应用案例，包括智能家居系统、智能交通系统、智能农业系统、远程医疗系统和智能物流仓储系统。本章从系统概述到系统组成展开论述，可使初学者对物联网整体系统有一个初步的了解。物联网把新一代 IT 技术充分运用在各行各业中，实现了人类社会与物理世界的整合，即能整合网络内的人员、设备和基础设施，实现实时管理和控制，达到"智慧"状态，提高资源利用率和生产力水平，改善人与自然的关系。

附录 物联网工程专业概述

一、物联网工程专业介绍

2009 年 8 月，时任国务院总理温家宝在考察中国科学院无锡高新微纳传感网工程研究所后，指示"尽快建立中国传感信息中心，或者叫'感知中国中心'"。2010 年教育部发布《关于战略性新兴产业相关专业申报和审批工作的通知》(教高厅函〔2010〕13 号)，批复部分高校新设置 140 个本科专业，物联网工程专业是其中之一，其专业名称、专业代码、修业年限、学位授予门类等均已确定。

2011 年教育部审批物联网工程专业，从 2011 年开始首批在 32 所大学招生。作为国家倡导的新兴战略性产业，物联网备受各界关注，并成为就业前景广阔的热门领域，使得物联网成为各家高校争相申请的一个新专业。物联网工程专业的毕业生主要就业于与物联网相关的企业、行业，从事物联网的通信架构、网络协议和标准、无线传感器、信息安全等的设计、开发、管理与维护，也可在高校或科研机构从事科研和教学工作。

1. 培养目标

物联网工程专业面向现代工业和地方经济建设发展对物联网工程技术人才的需要，培养德、智、体、美、劳全面发展，掌握自然科学基础知识，系统地掌握物联网工程方面的基本理论、基本知识和基本技能，具备本领域分析问题、解决问题的能力，具备较强的工程实践能力，可在物联网工程、物联网系统设计与集成等工程领域从事研究、设计、应用、开发、营销、集成等方面的工作，具有专业基础厚、综合素质高、创新能力强的工程应用研究型专门人才。

物联网工程专业培养能够系统地掌握物联网的相关理论、方法和技能，具备通信技术、网络技术、传感技术等信息领域宽广的专业知识的高级工程技术人才。

通过开设物联网工程专业，可达到以下三方面的综合效能，促进行业快速发展。

1) 自主创新能力强

培养一批自主创新能力强的专业人才，能够攻克一批核心关键技术，在国际标准制定中掌握重要话语权，初步实现"两端赶超、中间突破"，即在高端传感、新型 RFID、智能仪表、嵌入式智能操作系统、核心芯片等感知识别领域和高端应用软件与中间件、基础架构、云计算、高端信息处理等应用技术领域实现自主研发，技术力量显著提升，在 M2M 通信、近距离无线传输等网络通信领域取得实质性技术突破，跻身世界先进行列。

2) 具有国际竞争力

初步形成具有国际竞争力的产业体系。在传感器与传感器网络、RFID、智能仪器仪表、智能终端、网络通信设备等物联网制造产业，通信服务、云计算服务、软件、高端集成与应用等物联网服务业，以及嵌入式系统、芯片与微纳器件等物联网关键支撑产业等领域培育一批领军企业，初步形成从芯片、软件、终端整机、网络应用到测试仪器仪表的完整产业链，初步实现创新性产业集聚、门类齐全、协同发展的产业链及空间布局。

3) 应用水平显著提升

物联网应用水平显著提升。建成一批物联网示范应用重大工程，在国民经济和民生服务等重点领域率先应用，国家战略性基础设施的智能化升级全面启动，宽带、融合、安全的下一代信息网络基础设施初步形成。

2. 培养规格

物联网工程专业培养的学生应具有正确的世界观、人生观和价值观；热爱劳动、遵纪守法、团结合作；具有良好的思想道德、社会公德和职业道德，自觉地为社会主义现代化建设服务，为地方经济服务。物联网工程专业毕业生应该符合以下要求：

(1) 掌握马克思列宁主义、毛泽东思想与中国特色社会主义基本理论，具有良好的人文社会科学素养、职业道德和心理素质，社会责任感强。

(2) 掌握从事物联网工程专业工作所需的数学和其他相关的自然知识以及

一定的经济学、管理学和工程科学知识。

(3) 掌握物联网工程专业的基本理论知识和专业知识，理解基本概念、知识结构、典型方法，理解物理世界与数字世界的关联，具有感知、传输、处理一体化的核心专业意识。

(4) 掌握物联网技术的基本思维方法和研究方法，具有良好的科学素养和一定的工程意识，并具备综合运用掌握的知识、方法和技术解决实际问题的能力。

(5) 具有终身学习意识以及运用现代信息技术获取相关信息和新技术、新知识的能力。

(6) 了解物联网的发展现状和趋势，具有技术创新和产品创新的初步能力。

(7) 了解与本专业相关的职业和行业的重要法律法规及方针政策，理解工程技术伦理的基本要求。

(8) 具有一定的组织管理能力、表达能力、独立工作能力、人际交往能力和团队合作能力。

(9) 具有初步的外语应用能力，能阅读本专业的外文材料，具有一定的国际视野和跨文化交流、竞争与合作能力。

(10) 掌握体育运动的一般知识和基本方法，形成良好的体育锻炼习惯。

二、物联网课程体系

2010 年年初教育部下达了高校设置物联网工程专业申报通知，众多高校争相申报。由于物联网涉及的领域非常广泛，从技术角度主要涉及的现有高校院系与专业有计算机科学与工程、电子与电气工程、电子信息与通信、自动控制、遥感与遥测、精密仪器、电子商务等。物联网工程专业可能会在上述院系中开设。与物联网应用相关的专业，如建筑与智能化、土木工程、交通运输与物流、节能与环保等，可能会考虑开设选修课，或在研究生、博士生阶段设置相关交叉学科的学位。

在 2012 年颁布的普通高等学校本科专业目录中，物联网工程专业属于工学中的计算机大类，标准学制为四年，毕业后授予工学学士学位。物联网工程专业开设基础课程和专业核心课程两大类，学生主要学习研究信息流、物质流和能量流彼此作用、相互转换的方法和技术，有着很强的工程实践特点。

1. 主干学科与相关学科

物联网工程专业是一门交叉学科，涉及计算机、通信技术、电子技术、测控技术等专业基础知识以及管理学、软件开发等多方面知识。作为一个新兴战略产业专业，各校都专门制定了物联网工程专业人才培养方案。

物联网工程专业的学生需要学习包括计算机系列课程、信息与通信工程、模拟电子技术、物联网技术及应用、物联网安全技术等几十门课程，同时还要打牢坚实的数学和物理基础。另外，优秀的外语能力也是必备条件，学生需要阅读外文资料和应对国际交流。

物联网工程专业主干课程包括物联网工程导论、嵌入式系统与单片机、无线传感器网络与 RFID 技术、物联网技术及应用、云计算与物联网、物联网安全、物联网体系结构及综合实训、信号与系统概论、现代传感器技术、数据结构、计算机组成原理、计算机网络、现代通信技术、操作系统等以及多种选修课。

2. 核心课程与实践环节

物联网工程专业核心课程主要包括离散数学、算法与数据结构、数据库原理及应用、计算机组成原理、RFID 技术及应用、传感与检测技术、无线传感器网络、物联网系统设计与应用、物联网中间件技术、云计算技术等。

物联网工程专业实践环节主要包括课程实验、独立实验课、课程设计、金工实习、电装实习、生产实习、社会实践、毕业实习、毕业设计、科技创新活动等。

三、物联网工程专业知识结构

1. 物联网工程专业教学计划

物联网工程专业的学生要具有较好的数学和物理基础，掌握物联网的相关理论和应用设计方法，具有较强的计算机技术和电子信息技术能力，掌握文献检索、资料查询的基本方法，能顺利阅读本专业的外文资料，具有听、说、读、写的能力。按照以上要求，各高校制订了不同的教学计划。附表 1 列出了西安某高校物联网工程专业的教学计划，其中详细列出了开设科目、开设学期、课程学时学分规划，可供参考。

附表1　西安某高校物联网工程专业教学计划

第一学期

课程编码	课程名称	学分	考试	学时	讲课	实验	上机	课外
0051	高等数学AⅠ★	5.5	考试	88	88			
3028	C语言程序设计★	4	考试	64	48		16	
3141	C语言课程设计★	1	考查	1周				
3410	计算机导论	3	考试	48	36	12		
4234	大学英语Ⅰ★	6	考试	96	64		32	
4509	形势与政策	0.25	考查	4				
4982	思想道德修养与法律基础	3	考查	48	32			16
8140	体育Ⅰ	1	考查	32	32			
8503	军事理论	1	考查	24	24			
8504	军训	1	考查	3周				
9001	入学教育	0.5	考查					

第二学期

课程编码	课程名称	学分	考试	学时	讲课	实验	上机	课外
0052	高等数学AⅡ★	5.5	考试	88	88			
0073	大学物理Ⅰ★	3	考试	48	48			
0101	线性代数	2.5	考试	40	40			
2001	工科电路分析	3.5	考试	56	56			
3377	面向对象技术与C++★	4	考试	64	48	16		
4235	大学英语Ⅱ★	6	考试	96	64		32	
4509	形势与政策	0.25	考查	4				
4984	中国近现代史纲要	2	考试	32	32			
8141	体育Ⅱ	1	考查	32	32			
8639	面向对象技术与C++课程设计★	1	考查	1周				
9009	专业导论	1	考查	16	16			

课程编码	课程名称	学分	考试	学时	讲课	实验	上机	课外
第三学期								
0065	概率与数理统计	3	考查	48	48			
0074	大学物理Ⅱ ★	3	考试	48	48			
0268	大学物理实验Ⅰ ★	1.5	考查	24		24		
2067	电装实习B	1	考查	1周				
3229	离散数学 ★	4.5	考试	72	72			
3274	算法与数据结构课程设计	1	考查	1周				
3384	算法与数据结构 ★	4.5	考试	72	64	8		
4335	英语限选课Ⅰ	2	考试	32	32			
4509	形势与政策	0.25	考查	4				
8142	体育Ⅲ	1	考查	32	32			
8619	电子技术基础 ★	5	考试	80	72	8		
9007	金工实习B	2	考查	2周				
第四学期								
课程编码	课程名称	学分	考试	学时	讲课	实验	上机	课外
0103	数学建模	2	考查	32	32			
0269	大学物理实验Ⅱ ★	1.5	考查	24		24		
3048	传感与检测技术课程设计 ★	1	考试	1周				
3091	计算机组成原理 ★	4.5	考试	72	64	8		
3214	算法设计与分析课程设计	1	考查	1周				
3357	算法设计与分析	2.5	考试	40	40			
3385	数据库原理及应用	4	考试	64	48	16		
4336	英语限选课Ⅱ	2	考试	32	32			
4509	形势与政策	0.25	考查	4				
4983	马克思主义基本原理 ★	3	考试	48	48			
8637	传感与检测技术 ★	3	考试	48	32	16		

续表二

课程编码	课程名称	学分	考试	学时	讲课	实验	上机	课外
	第五学期							
3012	专业外语(计本)	2	考试	32	32			
3013	无线传感器网络 ★	3	考试	48	32	16		
3027	人工智能基础	2	考试	32	24	8		
3030	操作系统 ★	4	考试	64	56		8	
3032	图像处理与模式识别	3	考试	48	32	16		
3050	无线传感器网络课程设计 ★	1	考查	1周				
3241	RFID 技术及应用 ★	2	考试	32	24	8		
4509	形势与政策	0.25	考查	4				
7802	国学导论	1.5	考查	24	24			
8636	计算机通信与网络 ★	3	考试	48	40	8		
	第六学期							
3026	物联网控制技术	2	考试	32	24	8		
3031	物联网嵌入式系统	2	考试	32	24	8		
3040	物联网系统设计与应用 ★	3	考试	48	32	16		
3044	云计算技术 ★	3	考试	48	32		16	
3052	物联网工程综合实验 ★	2	考试	2周				
3065	生产实习	4	考查	4周				
4509	形势与政策	0.25	考查	4				
4985	毛泽东思想和中国特色社会主义理论体系概论 ★	6	考试	96	64			32
9010	学科前沿讲座	1	考查	16	16			

续表三

第七学期								
课程编码	课程名称	学分	考试	学时	讲课	实验	上机	课外
2501	企业管理概论	2	考查	32	32			
3025	云计算编程技术	2	考查	32	32			
3033	物联网数据处理	2	考查	32	32			
3047	Android 应用编程技术	2	考查	32	24	8		
3179	教学实习 ★	5	考试	10 周				
4509	形势与政策	0.25	考查	4				
5048	大学生社会实践	1	考查	1 周				

第八学期								
课程编码	课程名称	学分	考试	学时	讲课	实验	上机	课外
3159	毕业设计	18	考查	18 周				
4509	形势与政策	0.25	考查	4				
9002	毕业教育	0.5	考查					

注：标记有★的课程是主干课。课程名称后的 A、B、C 为该课程的专业方向。

2. 物联网工程专业选修课

物联网工程专业的学生除了掌握和计算机科学与技术相关的基本理论知识、物联网工程的分析和设计的基本方法外，还要具备一定的工科视野，了解文献检索、资料查询的基本方法，具有一定的科学研究和实际工作能力，了解与物联网工程有关的法规，能够运用学习的知识和外文阅读能力查阅外文资料，具有获取信息的能力。由于物联网工程专业是一门实践性强、多学科交汇的专业，因此也必须开设一定数目的选修课程。西安某高校物联网工程专业开设的选修课程如附表 2 所示。

附表 2　西安某高校物联网工程专业开设的选修课程

类别	课号	课程名称	学时	学期
专业任选课	3029	多传感器数据融合技术	32	6
	3033	物联网数据处理	32	6
	3036	GIS 地理信息系统	32	6
	3047	物联网信息安全	32	6
	3166	无线与移动网络技术	32	6
		Android 应用编程技术	32	6
		十进制网络技术与应用	32	6
		嵌入式操作系统	32	6

3. 课程体系及分配结构

　　物联网是一个交叉学科，涉及通信技术、传感技术、网络技术以及 RFID 技术、嵌入式系统技术等多项知识，但想在本科阶段深入学习这些知识的难度很大，而且部分物联网研究院从事核心技术工作的职位都要求具有硕士学历。因此，本科毕业生可从与物联网有关的知识着手，找准专业方向、夯实基础，同时增强实践与应用能力。

　　物联网课程体系包括公共基础教育、专业基础及专业教育和实践性教学环节，内容如附图 1～附图 3 所示。

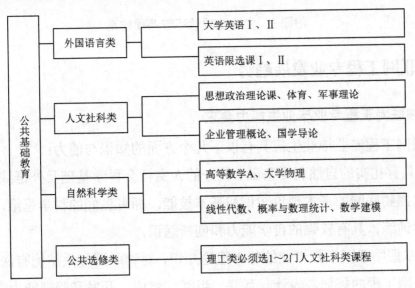

附图 1　公共基础教育课程体系

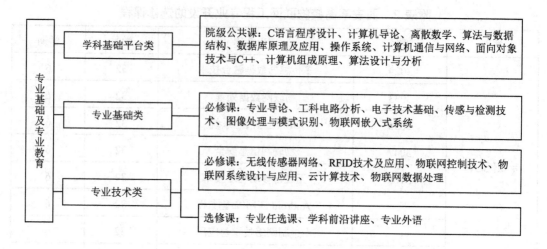

附图 2　专业基础及专业教育课程体系

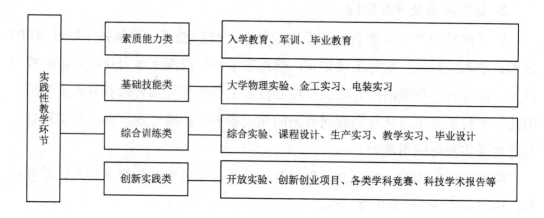

附图 3　实践性教学环节课程体系

四、物联网工程专业发展趋势

1. 物联网工程专业毕业生能力要求

物联网工程专业毕业生应具有以下几个方面的知识与能力：

(1) 具有扎实的自然科学基础、较好的人文社会科学基础及外语综合能力，系统地掌握物联网的基本理论知识和基本技能，拥有良好的科学思维，受到良好的科学训练，具有较强的自学能力和创新意识。

(2) 掌握物联网工程专业的基本理论知识，对物联网体系结构有深入理解，具有物联网工程的规划、设计、互联、组网、集成、开发和管理能力。

(3) 掌握软件工程的基本知识，了解项目开发管理的基本流程，掌握主流物联网应用数据感知和数据处理软件的开发与部署。

(4) 具备求实创新意识和严谨的科学素养，具有现代工程意识和效益意识，了解物联网工程的最新发展动态和应用前景。

(5) 具备较强的自学能力，掌握文献检索、资料查找的基本方法。

(6) 具有良好的语言表达能力、人际沟通能力、项目管理能力和团队合作精神。

2. 物联网工程专业学生研究方向

物联网工程专业毕业生如要继续学习，考取研究生的方向主要有计算机技术、电子科学与技术、计算机科学与技术、电子与通信工程等。

1) 计算机技术

计算机技术领域重点研究的是如何扩展计算机系统的功能，发挥计算机系统在各学科、各类工程、人类生活和工作中的作用。计算机技术是信息社会中的核心技术，也是实现现代化的关键技术之一。计算机领域包括计算机软、硬件系统的设计、开发以及与其他领域紧密相关的应用系统的研究、开发和应用，涉及计算机科学与技术学科理论、技术和方法等。

2) 电子科学与技术

电子科学与技术专业培养具备物理电子、光电子与微电子学领域内宽广理论基础、实验能力和专业知识，能在该领域内从事各种电子材料、元器件、集成电路，乃至集成电子系统和光电子系统的设计、制造和相应的新产品、新技术、新工艺的研究、开发等方面工作的高级工程技术人才。电子科学与技术专业学生主要学习数学、基础物理、物理电子、光电子、微电子学领域的基本理论和基本知识，受到相关的信息电子实验技术、计算机技术等方面的基本训练，掌握各种电子材料、工艺、零件及系统的设计、研究与开发的基本能力。

3) 计算机科学与技术

计算机科学与技术专业主要学习计算机科学与技术相关知识，包括计算机硬件、软件与应用的基本理论、基础知识和基本技能与方法，接受从事计算机应用开发和研究能力的基本训练等。

4) 电子与通信工程

电子与通信工程专业是电子科学与技术和信息技术的结合，构建现代信息社会的工程领域，利用电子科学与技术和信息技术的基本理论解决电子元器件、集成电路、电子控制、仪器仪表、计算机设计与制造及与电子和通信工程相关领域的技术问题，研究电子信息的检测、传输、交换、处理和显示的理论和技术。电子与通信工程专业的学生毕业后可在通信企事业单位从事通信网络的设计和维护工作，并能从事通信系统的建设、监理及通信设备的生产、营销等方面的工作。

3. 物联网工程专业毕业生就业前景

2010年教育部公布了通过审批的140个高等学校战略性新兴产业相关本科新专业，物联网成为最大热门，各物联网工程高校纷纷开设相关专业。在新增本科专业名单中，约一半的高校新专业与物联网有关。物联网庞大的市场需要也刺激了我国广大高校对物联网工程专业的增设。作为国家倡导的新兴战略性产业，物联网备受各界重视，并成为就业前景广阔的热门领域。该专业的毕业生主要就业于与物联网相关的企业、行业，从事物联网的通信架构、网络协议和标准、信息安全等的设计、开发、管理与维护，也可在高校或科研机构从事教学和科研工作。总之，物联网专业的就业口径广，需求量十分大。

目前，中国已将物联网明确列入《国民经济和社会发展第十四个五年规划和2035年远景目标纲要》。国家发展战略为我国物联网的发展提供了强大的契机和推动力。我国已初步形成物联网产业体系以及物联网感知制造业、物联网通信业、物联网服务业等重点行业。企业迫切需要从事物联网应用系统集成、物联网应用开发及物联网应用维护的高端技能型人才，每年需求量为3万人以上。发展物联网不仅是我国当前一项重要的战略任务，也是未来社会发展的必然趋势。可以断定，国家对物联网行业的推动及其本身巨大的市场需求和广阔的发展空间必将催生对该行业人才的巨大需求，我国必须积极加强物联网工程专业人才的培养工作。

目前，教育部审批设置的高等学校战略性新兴产业本科专业中有"物联网工程""传感网技术""智能电网信息工程"三个与物联网技术相关的专业。作为国家倡导的新兴战略性产业，物联网备受各界重视，并成为就业前景广阔的热门领域，同时也使物联网成为各家高校争相申请的一个新专业。

参 考 文 献

[1]　桂小林. 物联网导论[M]. 北京：清华大学出版社，2012.

[2]　张凯，张雯婷. 物联网导论[M]. 北京：清华大学出版社，2019.

[3]　韦鹏程，石熙，邹晓兵，等. 物联网导论[M]. 北京：清华大学出版社，2018.

[4]　郁有文，常健，程继红. 传感器原理及工程应用[M]. 4 版. 西安：西安电子
　　　科技大学出版社，2014.

[5]　王中生. 未来网络技术及应用[M]. 北京：清华大学出版社，2021.

[6]　谢建平. 联网计算机用全十进制算法分配计算机地址的总体分配方法：
　　　CN00127622.0[P]. 2001-05-02.

[7]　谢建平. 联网计算机用全十进制算法分配计算机地址的方法：
　　　ZL00135182.6[P]. 2004-06-02.

[8]　王利，贺静，张晖. 物联网的安全威胁及需求分析[J]. 标准化研究，2011(5)：
　　　45-49.

普通高等教育物联网工程专业系列教材

物联网工程导论

王中生　洪　波　编著

西安电子科技大学出版社

内 容 简 介

本书系统地介绍了物联网产生的历史、发展过程、体系架构、关键技术以及物联网安全与重点应用，主要内容包括物联网概述、条形码与识别、定位技术、RFID 系统、现代通信技术基础、传感器与传感器网络、物联网数据组织与管理、物联网安全及物联网应用。另外，附录介绍了西安某高校物联网工程专业的概况。

本书内容翔实，图文并茂，通俗易懂，重点介绍基础知识、基本技术及应用开发，理论性与应用性并举。

本书可作为物联网工程专业本科生、研究生的教材，也可作为物联网开发人员了解物联网技术及应用开发的参考书。

图书在版编目(CIP)数据

物联网工程导论 / 王中生，洪波编著. —西安：西安电子科技大学出版社，2021.9
(2024.7 重印)
ISBN 978–7–5606–6159–9

Ⅰ.①物…　Ⅱ.①王…　②洪…　Ⅲ.①物联网　Ⅳ.①TP393.4 ②TP18

中国版本图书馆 CIP 数据核字(2021)第 151319 号

策　　划　刘小莉
责任编辑　刘小莉
出版发行　西安电子科技大学出版社(西安市太白南路 2 号)
电　　话　(029)88202421　88201467　　　　邮　编　710071
网　　址　www.xduph.com　　　　　　　电子邮箱　xdupfxb001@163.com
经　　销　新华书店
印刷单位　广东虎彩云印刷有限公司
版　　次　2021 年 9 月第 1 版　2024 年 7 月第 2 次印刷
开　　本　787 毫米×1092 毫米　1/16　印张 13
字　　数　197 千字
定　　价　35.00 元
ISBN　978–7–5606–6159–9 / TP
XDUP 6461001–2
如有印装问题可调换